幽灵之击

全球**特种作战武器**精选 100

军情视点 编

化学工业出版社

·北京·

内容提要

本书精心选取了世界各国特种部队装备的100种经典武器，每种武器均以简洁精练的文字介绍了研发历史、武器构造及作战性能等方面的知识。为了增强阅读趣味性并加深读者对特种作战武器的认识，书中不仅配有大量清晰而美观的鉴赏图片，还增加了详细的数据表格，使读者对特种作战武器有更全面且细致的了解。

本书不仅是广大青少年朋友学习军事知识的不二选择，也是军事爱好者收藏的绝佳对象。

图书在版编目（CIP）数据

幽灵之击：全球特种作战武器精选100／军情视点编 . — 北京：化学工业出版社，2020.8
（全球武器精选系列）
ISBN 978-7-122-37152-2

Ⅰ.①幽⋯ Ⅱ.①军⋯ Ⅲ.①特种武器–介绍–世界 Ⅳ.① E92

中国版本图书馆 CIP 数据核字（2020）第 094078 号

责任编辑：徐　娟　冯国庆　　　　　　　装帧设计：中图智业
责任校对：王鹏飞　　　　　　　　　　　封面设计：刘丽华

出版发行：化学工业出版社（北京市东城区青年湖南街 13 号　邮政编码 100011）
印　　装：中煤（北京）印务有限公司
710mm×1000mm　1/16　印张 14　字数 300 千字　2020 年 9 月北京第 1 版第 1 次印刷

购书咨询：010-64518888　　　　　　　　售后服务：010-64518899
网　　址：http://www.cip.com.cn
凡购买本书，如有缺损质量问题，本社销售中心负责调换。

定价：78.00 元　　　　　　　　　　　　　　　　　版权所有　违者必究

  特种部队是担负破袭敌方重要的政治、经济、军事目标和遂行其他特殊任务的部队，具有编制灵活、人员精干、装备精良、机动快速、训练有素、战斗力强等特点。早在第二次世界大战时期，特种部队就已经开始萌芽。第二次世界大战后，特种部队进一步发展壮大，并在多场局部战争中大显身手。

  21世纪以来，随着特种作战理论和武器装备的快速发展，特种作战的地位与作用越来越突出，尤其是在近年来的几场局部战争中，特种部队不仅在力量构成上高度一体化，而且作战能力完全超出了传统的侦察、袭扰等范围，已经从战争的后台走到了前台，从作战行动的配角变成了主角。特种作战随之发生了深刻的变化，从一定意义上看，已经成为一种全局性、战略性、综合性的重要作战形式。

  随着特种作战地位的提升，各国在特种部队建设上的投入也越来越大，而首当其冲的就是特种作战武器的研发和配备。特种部队由于所担负任务的特殊性，其武器装备也与普通部队存在差异。正如特种部队的成员需要层层选拔一样，特种部队的武器装备同样也是精挑细选而来的。精良的武器装备加上出类拔萃的个人素质，这是特种部队纵横战场的根本所在。

  本书精心选取了世界各国特种部队装备的100种经典武器，每种武器均以简洁精练的文字介绍了研发历史、武器构造及作战性能等方面的知识。为了增强阅读趣味性，并加深读者对特种作战武器的认识，书中不仅配有大量清晰而美观的鉴赏图片，还增加了详细的数据表格，使读者对特种作战武器有更全面且细致的了解。

  作为传播军事知识的科普读物，最重要的就是内容的准确性。本书的相关数据资料均来源于国外知名军事媒体和军工企业官方网站等权威途径，坚决杜绝抄袭拼凑和粗制滥造。在确保准确性的同时，我们还着力增加趣味性和观赏性，尽量做到将复杂的理论知识用简明的语言加以说明，并添加了大量精美的图片。因此，本书不仅是广大青少年朋友学习军事知识的不二选择，也是军事爱好者收藏的绝佳对象。

  参加本书编写的有丁念阳、黎勇、黄成、黄萍等。由于编者水平有限，加之军事资料来源的局限性，书中难免存在疏漏之处，敬请广大读者批评指正。

编者
2020年5月

目录

第 1 章 · 特种作战概述 /001

特种作战的历史 002
特种部队的特点 004
特战武器的来源 007

第 2 章 · 长管枪械 /009

No.1 美国 M16 突击步枪 010
No.2 美国 M4 卡宾枪 012
No.3 美国 Mk 12 特别用途步枪 014
No.4 美国 Mk 14 增强型战斗步枪 ...016
No.5 美国 Mk 16 Mod 0 突击步枪 ...018
No.6 美国 Mk 17 Mod 0 战斗步枪 ...020
No.7 美国 Mk 18 Mod 0 卡宾枪 022
No.8 美国 M82 狙击步枪 024
No.9 美国 TAC-50 狙击步枪 026
No.10 美国 M249 轻机枪 028
No.11 美国 M2HB 重机枪 030
No.12 美国 Mk 48 通用机枪 032
No.13 苏联/俄罗斯 AK-74
　　　突击步枪 034
No.14 俄罗斯 OTs-14 突击步枪 036
No.15 苏联/俄罗斯 AS 突击步枪 ...038
No.16 俄罗斯 OSV-96 狙击步枪 040
No.17 苏联/俄罗斯 VSS 狙击步枪 ...042
No.18 俄罗斯 VSK-94 狙击步枪 044
No.19 俄罗斯 VKS 狙击步枪 046
No.20 俄罗斯 Pecheneg 通用机枪 ...048
No.21 英国 SA80 突击步枪 050
No.22 英国 AW 狙击步枪 052
No.23 法国 FAMAS 突击步枪 054
No.24 法国 FR-F2 狙击步枪 056
No.25 德国 HK416 突击步枪 058
No.26 德国 DSR-1 狙击步枪 060
No.27 奥地利 AUG 突击步枪 062
No.28 比利时 F2000 突击步枪 064
No.29 比利时 MAG 通用机枪 066
No.30 瑞士 SG 550 突击步枪 068

第 3 章 ● 短管枪械 /071

- No.31 美国 M9 手枪......072
- No.32 美国 MEU（SOC）手枪......074
- No.33 俄罗斯 GSh-18 手枪......076
- No.34 俄罗斯 MP-443 手枪......078
- No.35 苏联 / 俄罗斯 PSS 微声手枪......080
- No.36 苏联 / 俄罗斯 PP-91 冲锋枪......082
- No.37 俄罗斯 PP-2000 冲锋枪......084
- No.38 德国 PP/PPK 手枪......086
- No.39 德国 USP 手枪......088
- No.40 德国 Mk 23 Mod 0 手枪......090
- No.41 德国 HK45 手枪......092
- No.42 德国 MP5 冲锋枪......094
- No.43 德国 MP7 冲锋枪......096
- No.44 德国 UMP 冲锋枪......098
- No.45 瑞士 P226 手枪......100
- No.46 奥地利 Glock 17 手枪......102
- No.47 奥地利 Glock 23 手枪......104
- No.48 比利时 FN 57 手枪......106
- No.49 比利时 P90 冲锋枪......108
- No.50 捷克斯洛伐克 / 捷克 CZ 75 手枪......110
- No.51 以色列"乌兹"冲锋枪......112
- No.52 克罗地亚 HS2000 手枪......114

第 4 章 ● 火力支援武器 /117

- No.53 美国 M203 榴弹发射器......118
- No.54 美国 M320 榴弹发射器......120
- No.55 美国 Mk 13 Mod 0 榴弹发射器......122
- No.56 美国 Mk 47 榴弹发射器......124
- No.57 美国 FIM-92"毒刺"导弹...126
- No.58 美国 FGM-148"标枪"导弹......128
- No.59 苏联 / 俄罗斯 AGS-30 榴弹发射器......130
- No.60 俄罗斯 RG-6 榴弹发射器 ...132
- No.61 俄罗斯 GM-94 榴弹发射器......134
- No.62 苏联 / 俄罗斯"混血儿"-M 导弹......136
- No.63 英国"星光"导弹......138
- No.64 法国"米兰"导弹......140
- No.65 德国 HK AG36 榴弹发射器 ...142
- No.66 德国 HK GMG 榴弹发射器 ...144
- No.67 以色列 / 新加坡 / 德国"斗牛士"反坦克火箭筒......146
- No.68 以色列"长钉"SR 导弹......148
- No.69 瑞典 AT-4 反坦克火箭筒 150
- No.70 瑞典 / 英国 MBT LAW 反坦克导弹......152
- No.71 瑞士 GL-06 榴弹发射器......154
- No.72 南非连发式榴弹发射器......156

第 5 章 ● 特殊武器 /159

- No.73 美国卡巴刀 160
- No.74 美国 OKC-3S 刺刀 162
- No.75 美国 BNSS 求生刀 164
- No.76 美国 MQ-1 "捕食者"
  无人机 166
- No.77 美国 MQ-9 "收割者"
  无人机 168
- No.78 苏联／俄罗斯 AKM 刺刀 170
- No.79 苏联／俄罗斯 NRS-2
  求生刀 172
- No.80 苏联／俄罗斯 SPP-1
  水下手枪 174
- No.81 英国费尔班-塞克斯
  格斗匕首 176
- No.82 德国 KCB 77 刺刀 178
- No.83 德国 HK P11 水下手枪 180
- No.84 奥地利格洛克刺刀 182
- No.85 挪威 "黑色大黄蜂" 无人机 ... 184
- No.86 瑞士军刀 186

第 6 章 ● 机动载具 /189

- No.87 美国 L-ATV 装甲车 190
- No.88 美国 Mk V 特种作战艇 192
- No.89 美国 "短剑" 高速隐形
  快艇 194
- No.90 美国河岸特战艇 196
- No.91 美国 "海豹" 运输载具 198
- No.92 美国 AH-6 "小鸟"
  武装直升机 200
- No.93 美国 MH-47 直升机 202
- No.94 美国 MH-53 "低空铺路者"
  直升机 204
- No.95 俄罗斯 "虎" 式装甲车 206
- No.96 苏联／俄罗斯米-28 "浩劫"
  直升机 208
- No.97 法国 VBL 装甲车 210
- No.98 法国／德国 "虎" 式直升机 ... 212
- No.99 瑞典 CB90 快速突击艇 214
- No.100 瑞士 "食人鱼" 装甲车 216

参考文献 /218

第1章
特种作战概述

特种作战，是指国家或集团在平时和战时，为了达成特定的战略战役目的，领导和指挥专门组建的特种部队或根据任务的需要临时编组的精锐部队，以特殊的方式和手段实施的作战行动。这种作战行动具有目的特殊、计划周密、方式独特、手段多样、隐蔽突然、速战速决等特点。

•特种作战的历史

在中国古代战争中,特种作战并不鲜见,历朝历代几乎都有担负特种作战任务的精锐部队,例如唐代的玄甲军。这是唐朝初年的一支精锐骑兵部队,选拔和训练非常严格,装备也比较精良。玄甲军的前身是唐高祖李渊为了防范突厥来犯,在边境组织的几支规模较小的骑兵部队,唐太宗李世民从小骑马打仗,之后又跟随父亲南征北战,所以十分喜欢这种轻骑部队。之后这支部队不断扩建,成为李世民的心腹,是李世民在攻打敌人时的利刃。

与玄甲军相似的部队还有战国时期的铁鹰锐士、东汉的陷阵营、东晋的北府兵、隋朝的燕云十八骑、南宋的背嵬军、元代的怯薛军等。这些部队里的每一位战士都英勇无比,光是他们的名字就已经令敌人闻风丧胆。

现代意义上的特种作战起源于第二次世界大战(以下简称二战)时期,当时英国为了袭扰占领法国及欧洲的德军,组建了哥曼德部队。事实上,这支部队的组建只是英国在敦刻尔克大撤退(1940年6月4日)后迫不得已采取的无奈举措。正是这一举措造就了其后在各次战争中都发挥了重要作用的特种部队这一新型兵种,也拉开了现代特种作战的序幕。

二战期间,在战斗激烈的欧洲战场上,英军节节败退,于1940年6月4日实施了震惊世界的战略大撤退,即敦刻尔克大撤退。当日,33.8万英法军队溃不成军地横渡英吉利海峡,从法国的敦刻尔克撤回了英国本土。

★ 哥曼德部队徽章

英国首相丘吉尔对英军的失败痛心不已。为了重振英军士气和防止德军攻击英国本土占领英国,丘吉尔认为只有一个办法,那就是反攻。为此,他要求英国军队制订反攻欧洲大陆的作战计划,并对德国占领区发动积极而又连续的反攻。由于在这次大撤退中英国陆军遭受重创,所有重装备几乎损失殆尽,空军、海军也溃不成军,仅剩下了一些未受损失的海军舰艇和59个残存下来的空军飞行队,所以这时讨论反攻欧洲大陆并不现实。

与此同时,在中东及非洲的英军也遭到了德军的猛烈进攻,强烈要求英国本土军队给予支援,因此这一时期英军根本无力考虑如何越过英吉利海峡攻击被德军占领的法国西海岸,更无力考虑攻击处于德军影响下的丹麦至挪威北部一带的海岸线,所以丘吉尔所

进行潜水训练的哥曼德士兵

谓的"反攻欧洲大陆"几乎成为不切实际的无稽之谈。

然而，此时却有一个人为丘吉尔的计划立了大功，这个人就是当时英国陆军参谋长的副官克拉克中校。此人深知在当时的情况下，英军是不可能对欧洲大陆实施大规模反攻作战的，只有以小规模的非正规部队偷袭挪威西海岸至法国西海岸的德军阵地及其占领的城市，并以此种连续不断地袭扰行动为今后大部队的反攻大陆创造条件。

基于上述考虑，他在丘吉尔向军方提出反攻要求的前一天（1940年6月5日），即向陆军参谋长提出了这一建议，不久便得到批准。

丘吉尔要求克拉克的袭击部队不能成建制地抽调本土防卫部队，而且要尽可能少带武器，其他则由克拉克自行决定。丘吉尔还建议该部队称为"奇袭部队"或叫"'豹'部队"。队员可编1万人，从现有的陆军和海军陆战队中挑选，武器主要为冲锋枪和手榴弹，必要时可使用摩托车和装甲车。

当德军对英国本土进攻时，这支部队还必须同时担任在海岸线迅速对付德军进攻的任务。虽然在部队人员的来源问题上，英军总参谋部内部还有不同意见，但因其执行的是非正规作战，所以军方最后还是同意了丘吉尔的意见，决定挑选人员正式组建这支新部队，起名"哥曼德部队"。

哥曼德部队最初组建有10支部队，每支部队辖2个小队。每支小队都是由血气方刚、勇敢无畏的小伙子组成，因此其一组建就充满了活力。该部队组建后即对德军占领的欧洲西海岸德军目标实施了一系列袭击和破坏行动，不仅极大地鼓舞了英军的士气，而且对德军造成了一定的威胁。正是由于在克拉克的建议下，英国正式组建了第一支特种部队，因此也可以说克拉克是现代英国或世界特种部队之父。

随着英国第一支特种部队的建立，世界各主要国家美国、法国、德国、苏联等也先后以英军的模式组建了执行各种特殊任务的特种部队。在二战期间，英国、美国、法国和苏联等国家从

哥曼德队员进行射击训练

哥曼德部队纪念碑

作战部队临时挑选或招募优秀官兵组成小规模突击队形式的特种部队，对德军实施侦察、破坏、袭扰、绑架和暗杀活动，战果显著。

二战后，美国陆军于1950年、西班牙陆军于1956年、英国于1959年又相继组建了各种形式的特种部队，并在其后的局部战争和武装冲突中发挥了重要的作

训练中的美国海军"海豹"突击队士兵

用。越南战争结束后，特别是20世纪80年代后，世界各国的特种部队得到了进一步发展。各国特种部队的武器装备也日趋先进和向专业化方向发展。特别是在美国军队中，特种部队发展迅速、规模庞大，不仅建有统一领导和指挥三军特种部队的特种作战司令部，而且已经成为具有海、陆、空三栖作战能力的独特兵种。

●特种部队的特点

人员精干

各国特种部队对其成员的素质要求都非常高。在征召特种部队成员时要在思想动机、心理素质、文化程度、身体条件方面对应征人员进行严格考核。以美军特种部队为例，其队员的大致招募条件是：在陆、海、空军服役3年以上，体格健壮并取得空降合格证书的士兵；必须出于"爱国主义动机"；具有高中或大学毕业文化程度，有一定的外语基础；必须敢于冒险、不怕牺牲、勇于承担责任。一经录取，这些人还将在特种部队学院进行正规、严格的培训，时间为半年至1年。

美军特种部队学院实行定期淘汰制，淘汰率最高达77%，平均合格率仅为50%。以色列特种部队的应征者首先要接受严格的体检、心理测试和背景调查。在入伍后的一周内，部队还要对其入伍动机、个人爱好、有何特长等进行考察。新兵能够通过这一阶段考核的比例为10%～20%。此后，这些通过初步考核的人将接受20～24个月的基础训练和特种训练，最后经考试合格后方可在特种部队服役。

法国精锐特种部队宪兵特勤队的队员从法国宪兵中选拔，大部分队员是训练有素的科西嘉人。虽然法国宪兵特勤队的人

★ 美国特种兵通过举圆木锻炼体能

数较少，但是选拔的过程相当严格，录取率不到 7%。初次被选拔上的队员，还要通过大约 3 周的智力、体力及心理测验，才能参加为期 10 个月的训练课程，经过重重关口，才能成为最后的入选队员。

装备优良

由于特种部队所担负任务的特殊性，其武器装备从普通的轻武器到高级电子通信设备、武装直升机、导弹巡逻艇甚至潜艇应有尽有。轻武器主要有各式手枪、机枪、狙击步枪、微声冲锋枪、眩目手榴弹、反坦克枪榴弹、轻型迫击炮和定向地雷等。重武器则包括装甲战斗车、武装直升机、运输直升机、各种战斗和运输舰船以及潜艇。此外，特种部队的装备还包括各种特战专用装备和高级电子设备，如滑雪、登山和潜水装具，地（水）面定位导航设备、卫星通信设备、夜视与红外侦察设备、遥控侦察飞机等。

目前，各国特种部队在更多地采用陆、海、空三军通用的轻便、灵活、性能更好的装备的同时，还在积极研制专用和新概念武器，即那些可能改变传统的特种作战方式的专用和非致命性武器。如美国国防部已授权成立一个专门机构，研究非致命性武器所需的相关技术，包括激光、微波、声波、电磁脉冲、化学复合物和计算机病毒等。美国特种作战研究与发展中心也投入大量资金用于反恐专用武器装备的研制。

美国陆军特种部队装备的 AH-6 "小鸟" 武装直升机

训练严格

为了能够完成特殊而复杂的任务并具有多种作战能力，各国特种部队的训练极为严格，训练内容主要包括高强度体能训练、"一专多能"训练、各种作战类型的适应性训练、模拟训练等。

执行特种作战任务常常要付出超常的体力，并承受极度的精神压力。因此，特种部队要求其成员有强健的体魄、坚强的毅力和良好的心理素质，即要求做到：思维敏捷、反应迅速，能承受长时间的紧张状态，能适应气候、气温的急剧变化。体能训练的内容主要为军事体育项目和特殊的心理训练项目。如美军特种部队的体能训练分三个阶段：一是基础训练，内容为田径、球类、游泳、体操、越障；二是技能技巧训练，内容有拳击、摔跤、刺杀、登山、滑雪、武装泅渡；三是冒险训练，如攀登、跳伞、滑翔、飞车、悬崖跳水等。

特种部队专业分工多，所担负的任务种类繁杂，因此要求其成员要掌握多种专业技能。例如，美国陆军特种部队要求成员掌握的专业技能就达五六十种，主要有领导艺术，心理战，熟练掌握任务区的语言，了解异国文化及风俗民情，熟练操作和维修本国及各国的现行武器装备，能驾驶各型军用车辆及坦克和直升机,能进行水下战斗,掌握在丛林、雪地、沙漠和核生化条件下的生存与作战的技能,以及卫生救护专业等。

所谓各种作战类型的适应性训练,即按照可能的作战行动类型有针对性地进行全面训练。如美军特种部队作战类型分为六种:非常规战、特种侦察、直接行动、反恐怖行动、内部防卫和辅助支援行动。训练内容为与作战类型有关的计划、战术、技术与程序、侦察、游击战、作战效果评估与核查等。以色列特种部队则针对各种可能发生的情况和战斗制订出行动预案,并要求部队按照行动预案进行演练。

模拟训练主要分为两种类型:一是采用先进的训练模拟器材,包括用于进行复杂技术装备操作训练的技术模拟器材(如直升机模拟驾驶仪),以及场地或室内使用的对抗模拟器材(如美军的多用途激光交战模拟器);二是设置逼真的实战环境,即在实地使用假想敌和实物进行训练。例如,以色列和印度的特种部队在机场的民用客机上进行反劫机实战演练,机内有扮装的乘客和劫机恐怖分子。美军特种部队则按照任务的需要组织受训人员到深山、沙漠、港口等特殊场地与扮装的"游击队"或"恐怖分子"进行非正规战和反恐怖行动训练。此外,美国和以色列还尽可能让其特种部队参加实战锻炼,以提高实战能力。

★ 美国海军"海豹"突击队士兵参加爆破训练

编制灵活

为确保特种部队在危险环境下完成任务,就必须使其具备多种作战能力。各国特种部队一般都编有侦察、突击、反恐怖、破坏、民事、心理、通信等专业分队。此外,还可得到海、空军专业分队的支援配合。作战行动中,通常采用委托式指挥方式,即由受领任务的特遣队指挥官负责组成执行任务的特遣(分)队,并具体实施作战指挥。这就要求其编制具有可灵活编组的特点。各国特种部队的编制一般为大队(群)或团(营),下辖中队、小队或连、排(组)。大队(群)或团(营)编制员额一般为1200~1500人,中队、小队或连、排(组)编制只有数十人。而组(又称战斗编组)为最小的作战编制,一般为2~15人。如美国陆军特种作战群为1400人,辖54个中队,每个中队仅12人。

进行反恐训练的美国陆军特种作战小分队

●特战武器的来源

在现代战争中，特种部队的地位与作用日益提升。世界各国都极力通过各种途径提高特种部队的战斗力，其中最重要的途径之一便是配发先进的武器装备。借助这些武器装备，特种部队的机动力、隐蔽性、生存力和杀伤力都可大大提高，战斗效用更加显著。目前，各国特种部队的武器装备主要有四类来源。

★ 根据特种部队的需求不断改进而来的柯尔特 M4A1 卡宾枪

部队自主研发

自主研发是特种部队较为推崇的装备获取途径，但往往只有军工科技比较发达的国家才有能力进行。以美国为例，特种作战司令部会采取不同的策略来满足特种部队的装备需求，但其中 80% 都是通过自主研发。研发过程一般为：特种部队先提出需求，被特种作战司令部批准后整合到正在实施的项目中，整合后的项目将寻求经过改进后即可满足的可现货供应的或非发展型的产品作为首选。如果不能整合，特种作战司令部将另立风险最小的单独项目进行研发，然后通过竞标，选择两家或更多的公司研发，经过测试评估确定最终的选择。

在研发过程中，螺旋式发展是产品研发和改进的首选方式。其要求在每一个发展阶段，都要考虑下一阶段产品的发展，以使装备的性能逐渐提高。螺旋式发展允许在发展过程中根据形势变化和实际需要不断采用新技术进行改进。这样一来，运用系统工程和创新的风险管理方法以及现代化的采办程序，就可以大大缩短从研发到装备的过程。

商业渠道购买

当今世界上有许多著名的军工企业，仅以枪械生产为主的公司便有柯尔特公司（美国）、史密斯·韦森公司（美国）、雷明顿公司（美国）、阿玛莱特公司（美国）、巴雷特公司（美国）、黑克勒·科赫公司（德国）、伯莱塔公司（意大利）、斯泰尔·曼利夏公司（奥地利）、国营赫斯塔尔公司（比利时）和西格公司（瑞士）等。倘若能满足特种作战的需要，特种部队往往会直接购买这些军工企业（不局限于本国企业）的成熟产品，直接投入使用。例如，近几年美国特种作战司令部正从装备的研发者向使用者

被多国特种部队广泛使用的 HK MP5 冲锋枪（德国黑克勒·科赫公司研制）

转变,由军方自主研发的先进装备技术项目只占极少数。只要特种部队需要,不管技术来源如何都会得到利用。每年美国特种作战司令部都会向工业部门发布简报,说明特种部队的一些需求,生产商可以根据这些需求与特种作战司令部合作,进行相关装备技术的研发。向军工企业购买装备并不全是由部队统一进行的,特战队员可以根据自身需要,自行选购各种作战装备。

改进民用装备

在先进装备的研发过程中,最大限度地利用民用装备技术也非常重要,因此各国特种部队还会与民营企业合作,这些成熟的民用装备技术经过改进即可满足特种部队的作战需求。不过,由于民用装备技术的研发规划一般是中期(3～5年)规划,所以特种部队在利用民用装备技术中还必须关注长期的装备技术发展规划。也就是说,有限的资金必须还投入目前虽不能应用,但对未来非常有益的装备技术研发中,例如定向能武器、信号管理等。

★ 俄罗斯特种部队装备的 K6-3 钛合金头盔借鉴了民用装备的设计

多方联合发展

今天的科学就是明天的技术。特种部队会不断与处于科学研究前沿的其他部门和组织合作,以寻求技术突破,提升特种部队的作战能力。例如,美国特种作战司令部不仅会与美军其他部门、本国政府机构开展合作,还会与外国的政府机构及相关单位联合,研发特种部队需要的技术和装备。美国特种作战司令部与美国国防部及国家实验室联系紧密,并且在不同的政府研究机构派驻联络官,协助新技术的研发。另外,根据国外对比试验(FCT)计划,美国特种作战司令部可以直接对来自外军的非发展型项目进行试验。

美国特种作战司令部下属的各军种特种作战司令部也都积极参与先进技术的研发和装备采办。各军种特种作战司令部负责其下属特种部队的作战发展和非物质解决方案,在特种作战研究支援组(SORSE)的带领下协助做好技术或装备的评估工作。各军种特种作战司令部提供装备的试验靶场及试验平台。另外,各军种特种作战司令部还在能力需求文件制定阶段协助制定联合需求或通用需求。部署在前线的特种部队士兵经常会有机会接触并使用到来自世界各地的高新技术武器、通信装备、单兵装备和传感器等。他们将相关信息通过各军种特种作战司令部反映到美国特种作战司令部,以进行评估,甚至有可能将新装备集成到现役武器装备中。

欧洲各国共同研制的"虎"式武装直升机

第 2 章
长管枪械

长管枪械是指枪管较长、整枪尺寸较大的枪械，包括卡宾枪、突击步枪、狙击步枪、轻机枪、重机枪和通用机枪等。这些枪械是特种部队最重要的随身武器，也是多数情况下的主要战斗武器。

No.1 美国 M16 突击步枪

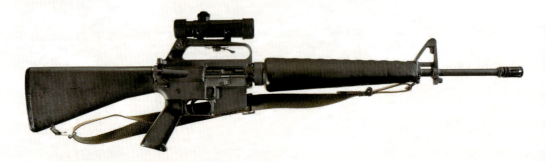

基本参数	
口径	5.56 毫米
全长	986 毫米
枪管长	508 毫米
重量	3.1 千克
弹容量	20 发、30 发

M16 突击步枪是美国著名枪械设计师尤金·斯通纳设计的小口径突击步枪，自 20 世纪 60 年代以来一直是美军的重要轻武器，各个军种的特种部队也广泛采用。

● 研发历史

1957 年，美军在装备 M14 自动步枪后不久就正式提出设计新枪，竞标者之一的阿玛莱特公司由此研制了 AR-15 步枪。1959 年，阿玛莱特公司将 AR-15 步枪的专利卖给了柯尔特公司。在进一步改进设计后，美国空军于 1962 年首先采

M16 突击步枪开火瞬间

购 8500 支 AR-15 步枪装备机场警卫部队，美国陆军则于 1964 年正式装备。1964 年 2 月，美国空军正式将其命名为 M16 突击步枪。此后，又诞生了 M16A2、M16A3、M16A4 等改进型号，M16 突击步枪逐渐成为成熟可靠、使用广泛的经典步枪。

•枪体构造

M16突击步枪的枪管、枪栓和机框为钢制，机匣为铝合金材质，护木、握把和后托则是塑料材质。该枪采用导气管式工作原理，但与一般导气式步枪不同，它没有活塞组件和气体调节器，而采用导气管。枪管中的高压气体从导气孔通过导气管直接推动机框，而不是进入独立活塞室驱动活塞。高压气体直接进入枪栓后方机框里的一个气室，再受到枪机上的密封圈

美国陆军士兵使用 M16 突击步枪进行射击训练

阻止，因此急剧膨胀的气体便推动机框向后运动。机框走完自由行程后，其上的开锁螺旋面与枪机闭锁导柱相互作用，使枪机右旋开锁，而后机框带动枪机一起继续向后运动。

•作战性能

M16突击步枪最初在战场上经常发生卡壳、枪膛严重污垢、枪管与枪膛锈蚀、拉断弹壳、弹匣损坏等故障，这导致它的早期评价极差，但问题很快得到解决。M16A2突击步枪和之后的改进型号采用了加厚的枪管，减缓了连续射击时的过热问题，适合持续射击。枪机后方的塑料枪托中设有金属复进簧，可有效缓冲后坐力，使准星不会发生明显的偏移。M16A4突击步枪设有皮卡汀尼导轨，可安装传统的携带提把、瞄准系统或者各种光学设备，以适应各种作战需求。不过，比起使用导气活塞的步枪，M16突击步枪需要更频繁的清洁和润滑来保持稳定工作。

装备 M16 突击步枪的美国陆军特种兵

No.2 美国 M4 卡宾枪

基本参数	
口径	5.56 毫米
全长	840 毫米
枪管长	370 毫米
重量	3.01 千克
弹容量	30 发

M4 卡宾枪是 M16 突击步枪的缩短版本，1994 年开始生产，具有紧凑的外形和强大的火力，适合近距离作战。

● 研发历史

随着 M16A2 突击步枪的研制成功，美军开始考虑为特种部队研制发射 SS109/M885 弹的新型卡宾枪。与 M16A2 突击步枪一样，这种新型卡宾枪也是根据美国海军陆战队的需求而在 1983 年开始设计的。柯尔特公司在 M16A2 突击步枪的基础上研制新型卡宾枪，1985 年完成设计，柯尔特公司的型号编号为 720 型，而在军方的测试计划中称为 XM4。

★ 使用 M4 卡宾枪的美国海军陆战队特种兵

不过，美国国会否决了海军陆战队的 XM4 卡宾枪采购预算。1986 年 4 月，美国陆军重新开始 XM4 卡宾枪的研制工作和第二阶段试验。经过进一步改进后，XM4 在 1991 年 3 月正式定型并命名为 M4 卡宾枪。

•枪体构造

M4 卡宾枪采用导气、气冷、转动式枪机设计，以弹匣供弹，可以选择射击模式。最初的 M4 卡宾枪只有单发及三发点射模式，其后的 M4A1 卡宾枪以单发及全自动模式取代三发点射。M4 及 M4A1 卡宾枪均使用 5.56 毫米 SS109 子弹，而且仍采用 M16 突击步枪特有的气体直推传动方式。M4 卡宾枪的长度比 M16 突击步枪短，重量也较轻，令射手能在近战时快速瞄准目标，两者有 80% 的部件可以共用。

美国陆军特种兵使用 M4 卡宾枪

•作战性能

M4 卡宾枪具有紧凑的外形和强大的火力，适合近距离作战，使其深受特种部队的喜爱。在美国特种部队和空降部队等快速反应部队中，M4 卡宾枪是主战武器，美国特种作战司令部还将其列为制式步枪。不过，M4 卡宾枪的短枪管使得枪口初速及火力降低，缩短的导气系统令射击声音增大，枪管过热也较快。且沿用 M16 突击步枪的导气系统，开火时是依靠气体推动整个系统。一些武器专家认为，它直接将气体导入开火装置，容易携带炭渣，从而产生污垢和热量，造成润滑剂干燥，可能会在沙漠地区出现可靠性问题。

★ 装备 M4 卡宾枪的美国陆军特种兵

No.3 美国 Mk 12 特别用途步枪

基本参数	
口径	5.56 毫米
全长	952 毫米
枪管长	457 毫米
重量	4.5 千克
弹容量	20 发、30 发

　　Mk 12 特别用途步枪（Mk 12 Special Purpose Rifle，Mk 12 SPR）是阿玛莱特公司在M16 突击步枪基础上改进而来的，主要被美国陆军和海军的特战单位用作狙击步枪或精确射手步枪。

● 研发历史

　　特别用途步枪（SPR）计划是为美国陆军和海军的特种部队提供一种有效射程比 M4 卡宾枪远、长度比标准的 M16A2/A4 突击步枪更短的轻型狙击步枪。SPR的设计概念由阿玛莱特公司总裁马克·韦斯特罗提出，最初被称为"特别用途机匣"（Special Purpose Receiver），之后发展成为一种独立的武器系统，而不再只更换上机匣，这个术语就被取代了。因此，SPR 最终被美国陆军和美国海军命名为 Mk 12 SPR。Mk 12 SPR 于 2002 年开始服役，美军特种部队曾在"持久自由"行动和"伊拉克自由"行动中广泛使用。

★ 美国海军陆战队士兵在阿富汗使用 Mk 12 SPR

●枪体构造

Mk 12 SPR 以现有的 5.56×45 毫米北约口径 M16 突击步枪改装而成，上机匣最初是由柯尔特公司供应。Mk 12 SPR 采用比赛级自由浮置式不锈钢重型枪管，装有特制的枪口制退器。枪管重量经过优化，在确保最大精度的同时把重量减到最轻，均由道格拉斯枪管公司生产。各型 Mk 12 SPR 使用过 M16A1 固定枪托、M16A2 固定枪托、M4 伸缩枪托以及改进型"克兰"（Crane）枪托。

使用 Mk 12 SPR 的美国陆军特种兵

●作战性能

Mk 12 SPR 重量较轻，所以可以快速转换瞄准近距离目标。所有型号的 Mk 12 SPR 都采用自由浮置式前托，不会接触枪管，以消除枪管的不规则振动从而增加射击的准确性。该枪没有配用标准的 M855 普通弹或 M856 曳光弹，而使用更精确的 Mk 262 比赛弹。

★ 美国海军陆战队士兵在伊拉克使用 Mk 12 SPR

No.4 美国 Mk 14 增强型战斗步枪

基本参数

基本参数	
口径	7.62 毫米
全长	889 毫米
枪管长	457.2 毫米
重量	5.1 千克
弹容量	20 发、100 发

Mk 14 增强型战斗步枪（Mk 14 Enhanced Battle Rifle，Mk 14 EBR）是 M14 自动步枪的衍生型，专供美国特种作战司令部辖下的单位使用。

● 研发历史

2000 年，美国海军"海豹"突击队向美国特种作战司令部发出了研发一种更紧凑的 M14 自动步枪的要求以后，多家枪械制造商接受招标并开始设计 Mk 14 EBR。2003 年，朗·史密斯和史密斯企业公司研发的 Mk 14 EBR 被选中。

装备 Mk 14 EBR 的美国陆军特种兵

2004 年，"海豹"突击队成为第一个装备 Mk 14 EBR 的美军部队。之后，美国陆军"三角洲"特种部队、美国海岸警卫队等部队也开始装备。

●枪体构造

Mk 14 EBR 采用了标准型 M14 枪机和枪管部件,并且增加了伸缩式枪托、手枪握把、不同设计的准星、"哈里斯"两脚架、围绕着枪管的四条战术配件导轨以及更有效的枪口制退器。Mk 14 EBR 的伸缩式枪托完全是由轻质航空合金所制造。战术导轨后的塑料护手片、M68 近距离作战光学瞄准镜和 ACOG 光学瞄准镜也被加入作为标准的外部配件。

★ 手持 Mk 14 EBR 的美国陆军特种兵

●作战性能

在战斗定位上,Mk 14 EBR 同时扮演着精确射手步枪和近距离作战步枪两种角色。Mk 14 EBR 设计中最突出的特点在于:枪管长度缩短到 457.2 毫米、可折叠枪托和可以安装多种附件的导轨。Mk 14 EBR 的使用者都称赞它比 M14 自动步枪更易使用,这是由于 Mk 14 EBR 的人机工效比原来的 M14 自动步枪更出色,降低了后坐力,并可根据使用者的需求安装各种光学瞄准镜、夜视镜及各种战术配件。

美国陆军士兵在阿富汗使用 Mk 14 EBR

No.5 美国 Mk 16 Mod 0 突击步枪

基本参数	
口径	5.56 毫米
全长	852 毫米
枪管长	351 毫米
重量	3.29 千克
弹容量	30 发

Mk 16 Mod 0 突击步枪是比利时国营赫斯塔尔公司（FN公司）为美国特种作战司令部研制的 5.56 毫米突击步枪，也称 SCAR-L 突击步枪。

● 研发历史

2003 年 10 月，美国特种作战司令部正式提出特种作战部队战斗突击步枪（Special Operations Forces Combat Assault Rifle，SCAR）的招标要求，该项目要求采用一种全新设计的模块化武器来代替 M16 突击步枪和 M4 卡宾枪，能够在很短时间内根据不同目的更换三种长度的枪管，并能

★ 装备 SCAR-L 步枪的比利时特种兵

转换口径。2004 年 11 月，FN 公司研制的 FN SCAR 步枪在竞标中胜出。FN SCAR 步枪有 SCAR-L（轻型版）和 SCAR-H（重型版）两种版本，其中 SCAR-L 被美军命名为 Mk 16 Mod 0 突击步枪，用于替换 M4A1 卡宾枪、Mk 18 Mod 0 卡宾枪和 Mk 12 SPR。除美国外，

SCAR-L 步枪也被比利时、德国、韩国、新加坡等多个国家采用。

● 枪体构造

　　Mk 16 Mod 0 突击步枪使用的气体闭锁系统类似早期的 M1 卡宾枪，与 Stoner 63 或 HK G36 等现代突击步枪差别较大。Mk 16 Mod 0 突击步枪的铝制外壳上方有全尺寸的战术导轨，外壳侧面有两个可拆卸导轨，下方还可挂载任何 MIL-STD-1913 标准的相容配件，握把部分能够和 M16 突击步枪互换，弹匣和弹匣释放钮与 M16 突击步枪相同，前准星可以拆下，不会挡到瞄准镜或者光学瞄准器。Mk 16 Mod 0 突击步枪标准型（Standard，STD）可以迅速改装成近战型（Close Quarters Combat，CQC）或狙击/长枪管型（Sniper Variant，SV/Long Barrel，LB）。

★ 装有光学瞄准镜的 Mk 16 Mod 0 突击步枪

● 作战性能

　　Mk 16 Mod 0 突击步枪坚固耐用、可靠性高、容易控制全自动射击、故障率低、人机工效好、耐腐蚀，能够在较少润滑甚至没有润滑的情况下射击，并只需要很低的维护工作量。Mk 16 Mod 0 突击步枪发射 5.56×45 毫米北约标准弹，使用类似于 M16 突击步枪的弹匣，只不过是钢材制造，虽然比 M16 突击步枪的塑料弹匣更重，但是强度更高，可靠性也更好。

★ 手持 Mk 16 Mod 0 突击步枪的特种兵

No.6 美国 Mk 17 Mod 0 战斗步枪

基本参数

基本参数	
口径	7.62 毫米
全长	924 毫米
枪管长	400 毫米
重量	3.58 千克
弹容量	20 发

Mk 17 Mod 0 战斗步枪是比利时 FN 公司为美国特种作战司令部研制的 7.62 毫米战斗步枪，也称 SCAR-H 突击步枪。

●研发历史

SCAR-H 突击步枪是 FN SCAR 步枪的重型版，被美军命名为 Mk 17 Mod 0 战斗步枪，用于替换 M14 自动步枪和 Mk 11 狙击步枪。除美国外，SCAR-H 步枪也被比利时、法国、马来西亚、泰国等多个国家采用。

●枪体构造

除了抛壳口尺寸不同外，Mk 17 Mod 0 战斗步枪和 Mk 16 Mod 0 突击步枪的上机匣基本相同。其他不同部分有枪管口径、枪机和包括弹匣座在内的下机匣。与 Mk 16 Mod 0 突击步枪一样，Mk 17 Mod 0 战斗

★ 手持 Mk 17 Mod 0 战斗步枪近战型的美国海军"海豹"突击队士兵

步枪标准型也可以迅速改装成近战型或狙击/长枪管型。该枪的枪管通过两根锁销固定在上机匣中，可以快速拆卸，更换枪管时只需要很少的工具和时间，所以标准型、近战型和狙击/长枪管型之间的转换很容易就能完成。

●作战性能

Mk 17 Mod 0 战斗步枪可以发射威力更大的7.62×51毫米北约标准弹，使用FN FAL自动步枪的20发弹匣。Mk 17 Mod 0 战斗步枪和Mk 16 Mod 0 突击步枪之间有最大限度的零件通用性，形成枪族，这样的通用性将减少训练时间，提高任务效果，并提高特种部队成员在紧急状况时的应变能力。

★ 手持Mk 17 Mod 0战斗步枪标准型的美国海军"海豹"突击队士兵

★ 手持Mk 17 Mod 0战斗步枪的美国海军"海豹"突击队士兵

No.7 美国 Mk 18 Mod 0 卡宾枪

基本参数	
口径	5.56 毫米
全长	762 毫米
枪管长	262 毫米
重量	2.72 千克
弹容量	20 发、30 发

Mk 18 Mod 0 卡宾枪由美国柯尔特公司在 M4 卡宾枪基础上改进而来，主要装备美军特种部队。

•研发历史

由于 M16 突击步枪及 M4 卡宾枪不能完全适应所有任务，因此美国海军水面作战中心和柯尔特公司便以更换特种用途的机匣和枪管的方式设计出"室内近战机匣"（Close Quarter Battle Receiver, CQBR），其改装套件其实是 M4 卡宾枪 SOPMOD Block Ⅱ（特种作战改进型第二批次）计划中的一个项目。美国海军水面作战中心将 CQBR 抽出 SOPMOD 独立发展，完全改装的 CQBR 被定名为 Mk 18 Mod 0 卡宾枪。2000 年，Mk 18 Mod 0 卡宾枪开始服役，开

★ 美军士兵测试 Mk 18 Mod 0 卡宾枪

始时只配发给海军特种部队，但很快就被其他军种和部分执法机构的特种部队采用。

★ 装备 Mk 18 Mod 0 卡宾枪的美军特种兵

•枪体构造

Mk 18 Mod 0 卡宾枪采用标准的 M4A1 卡宾枪下机匣，但内部导气孔直径增大至 0.18 毫米，改装了缓冲器，采用扩大的拉机柄锁。最初的 Mk 18 Mod 0 卡宾枪将可拆提把切断，只保留后准星部分，现在大多改为装上可拆后备照门。Mk 18 Mod 0 卡宾枪的枪管长度为 262 毫米，膛线缠距为 178 毫米，护木内的枪管直径为 16 毫米。

•作战性能

Mk 18 Mod 0 卡宾枪的标准护木为 KAC RIS 导轨护木，可安装任何对应 MIL-STD-1913 导轨的配件。该枪主要发射 5.56×45 毫米 M855 普通弹和 M856 曳光弹，由于枪管变短，所以初速较低。Mk 18 Mod 0 卡宾枪装有消焰器，保留刺刀卡笋，但不能安装刺刀。

★ 手持 Mk 18 Mod 0 卡宾枪的美国海军"海豹"突击队士兵

No.8 美国 M82 狙击步枪

基本参数	
口径	12.7 毫米
全长	1219 毫米
枪管长	508 毫米
重量	14 千克
弹容量	10 发

M82 是美国巴雷特公司研制的半自动狙击步枪/反器材步枪，美军称其为重型特殊用途狙击步枪（Special Application Scoped Rifle，SASR）。

●研发历史

M82 狙击步枪于 20 世纪 80 年代早期开始研发，1982 年造出第一把样枪并命名。之后巴雷特公司继续研发，并于 1986 年发展出 M82A1 狙击步枪。1989 年，瑞典率先采购了 100 支 M82A1。1990 年，美军宣布全面采用 M82A1。1987

使用 M82 狙击步枪的美国海军陆战队狙击手

年，更先进的无托型 M82A2 研发成功，降低后坐力的设计使其可以手持抵肩射击而不必使用两脚架，但 M82A2 并没有很成功地打入市场，很快就停产了。M82 狙击步枪最新的产品是 M82A1M，被美国海军陆战队大量装备并命名为 M82A3。

第2章 长管枪械

★ 使用 M82 狙击步枪的美国空军双人小队

•枪体构造

M82 狙击步枪采用气动式工作原理,射击时枪管将后坐约 25 毫米,并由回转式枪机安全锁住。短暂后坐后,枪栓被推入弯曲轨,然后扭转将枪管解锁。解锁后,枪机拉臂瞬间退回,枪管转移后坐力的动作完成循环。之后枪管固定且枪栓弹回,弹出弹壳。当撞针归位时,枪机从弹匣引出一颗子弹并送进膛室,而扳机弹回撞针后方位置。该枪的膛室分为上、下两部分,由薄钢板冲压而成并以十字栓固定。枪管设有凹孔增加散热和减重,还装有大而有效的枪口制动器。

•作战性能

M82 狙击步枪具有超过 1500 米的有效射程,甚至有过在 2500 米距离的命中纪录,超高动能搭配高能弹药,可以有效摧毁各类战略物资。除了军队以外,美国很多执法机关也钟爱此枪,包括纽约警察局,因为它可以迅速拦截车辆,一发子弹就能打坏汽车发动机,也能很快打穿砖墙和水泥墙,适合城市战斗。美国海岸警卫队还使用 M82 狙击步枪进行缉毒作战,有效打击了海岸附近的高速运毒小艇。

装备 M82 狙击步枪的美国陆军狙击手

No.9 美国 TAC-50 狙击步枪

基本参数	
口径	12.7 毫米
全长	1448 毫米
枪管长	736 毫米
重量	11.8 千克
弹容量	5 发

TAC-50 狙击步枪是美国麦克米兰公司研制的手动狙击枪/反器材步枪，以 Mk 15 的名称在美国海军"海豹"突击队中服役。

●研发历史

TAC-50 狙击步枪于 1980 年推出。2000 年，加拿大军队将 TAC-50 狙击步枪选为制式武器，并重新命名为 C15 长程狙击武器。美国海军"海豹"突击队也采用了 TAC-50 狙击步枪，并重新命名为 Mk 15 狙击步枪。此外，法国、格鲁吉亚、以色列、约旦、波兰、土耳其等国家的特种部队也有装备。

TAC-50 狙击步枪接受测试

●枪体构造

TAC-50 狙击步枪采用旋转后拉式枪机，装有比赛级浮置枪管，枪管表面刻有线槽，枪口装有高效能制动器以缓冲 12.7 毫米口径枪弹的强大后坐力，由可装 5 发子弹的可分离式弹仓供弹，采用麦克米兰公司生产的玻璃纤维强化塑胶枪托，枪托前端装有两脚架，尾部装有特制橡胶缓冲垫，整个枪托尾部可以拆下以方便携带。TAC-50 狙击步枪没有机械照门及默认瞄准镜，加拿大军队通常采用 16 倍瞄准镜。

第 2 章　长管枪械

★ 美国海军士兵测试 TAC-50 狙击步枪

● 作战性能

　　TAC-50 狙击步枪使用 12.7×99 毫米北约标准弹，破坏力惊人，可用来对付装甲车辆和直升机。TAC-50 狙击步枪采用了一系列提高精度的措施：首先旋转后拉枪机的采用使得该枪虽然降低了射速，但是避免了枪机运动所带来的抖动；其次采用浮置式枪管，枪管与枪身之间不存在刚性连接，以避免枪身形变挤压枪管；此外，比赛级的精密优质枪管，配合使用优质的弹药，都能提高该枪的射击精度。2002 年，加拿大军队的罗布·福尔隆下士在阿富汗山区使用 TAC-50 狙击步枪在 2430 米距离击中一名塔利班武装分子 RPK 机枪手，创造了当时最远狙击距离的世界纪录。

使用 TAC-50 狙击步枪的加拿大狙击手

No.10 美国 M249 轻机枪

基本参数	
口径	5.56 毫米
全长	1035 毫米
枪管长	521 毫米
重量	7.5 千克
枪口初速	915 米/秒

M249 轻机枪是比利时 FN 公司制造的 FN Minimi 轻机枪的改良版本,发射 5.56×45 毫米北约标准弹药,1984 年成为美军三军制式班用机枪。

●研发历史

20 世纪 60 年代,随着班用武器的小口径化,美军的班用机枪也开始向这个方向发展。虽然美军装备有 M16 突击步枪和 M60 通用机枪,但前者的持续射击性不好,后者的重量又过大。于是,美军公开招标新型小口径机枪,当时有不少著名的枪械公司来投标,包括比利时 FN 公司。经过激烈角逐后,FN 公司的机枪胜出,美军将其命

装备 M249 轻机枪的美国海军陆战队特种兵

名为 XM249 轻机枪。随后，美军又对 XM249 轻机枪做了一些测试，在确定符合要求后将其选作制式武器，并更名为 M249 轻机枪。

●枪体构造

M249 轻机枪采用开放式枪机及气动式原理运作。当扣动扳机时，枪机和枪机连动座在受到复进簧的推力下向前移动，子弹脱离弹链并进入膛室，击针击发子弹后膨胀气体经枪管进入导气管回到枪机内，并使弹壳、弹链扣排出，同时拉入弹链及带动枪机和枪机连动座回到待击状态，多余的气体会在导气管末端排气口排出。

★ 使用 M249 轻机枪的美国陆军士兵

●作战性能

M249 轻机枪的枪管可快速更换，令机枪手在枪管故障或过热时无须浪费时间修理，护木下前方装有折叠式两脚架以利于部署定点火力支援，也可对应固定式三脚架及车用射架。M249 轻机枪采用弹链及北约标准弹匣供弹，机枪手在缺乏弹药等紧急情况时可向其他装备 M16 突击步枪或 M4 卡宾枪的士兵借用弹匣来射击。美军士兵对 M249 轻机枪的使用意见不一，有人认为 M249 轻机枪有耐用和火力强大的优点，也有人认为该枪在卧姿射击时能够满足一般轻机枪用途，但是在抵腰和抵肩射击时较难控制。

★ M249 轻机枪开火瞬间

No.11 美国 M2HB 重机枪

基本参数	
口径	12.7 毫米
全长	1650 毫米
枪管长	1140 毫米
重量	38 千克
枪口初速	930 米/秒

M2HB 重机枪是由美国著名枪械设计师约翰·勃朗宁设计的大口径重机枪,发射 12.7×99 毫米大口径弹药,主要用途是攻击轻装甲目标、集结有生目标以及低空防空。

• 研发历史

第一次世界大战(以下简称一战)末期,柯尔特公司设计师约翰·勃朗宁应美国远征军总司令约翰·潘兴将军的要求,设计了 M1921 机枪。1926 年约翰·勃朗宁去世,在之后的 1927～1932 年间,美国的塞缪尔·格林博士针对 M1921 机枪的设计问题以及军方需求做出调整。1932 年,改进版本正式

使用 M2HB 重机枪的美国海军陆战队特种兵

被美军命名为 M2 机枪。早期的气冷式 M2 机枪由于枪管太轻,无法承受多角度全方位射击要求,容易过热,后来又推出改用重枪管的版本,命名为 M2HB(Heavy Barrel)重机枪。目前,M2HB 重机枪主要由通用动力公司负责生产。

• 枪体构造

装载舰艇上的 M2HB 重机枪

M2HB 重机枪采用枪管短后坐式工作原理，卡铁起落式闭锁结构。该枪设有液压缓冲机构，枪管和节套后坐时，液压缓冲器的活塞被推向后方，压缩缓冲器管内的油液，使其从活塞四周的油管内壁之间的缝隙向前逸出，对后坐产生缓冲作用。M2HB 重机枪采用单程输弹、双程进弹的供弹机构，拨弹杆尾端的导柱卡入枪机顶部的曲线槽内，当枪机做往复运动时，实现供弹动作。该枪采用简单的片状准星和立框式表尺，准星和表尺都安置在机匣上。

• 作战性能

M2HB 重机枪可以全自动射击，也能够半自动射击，使用 12.7×99 毫米弹药，不但可以攻击敌方人员，而且对低空飞行的直升机和轻装甲车辆等目标有极大杀伤力。M2HB 重机枪每分钟 450～550 发的射速及后坐作用系统令其在全自动发射时十分稳定，命中率较高，但低射速也令 M2HB 重机枪的支援火力降低。M2HB 重机枪用途广泛，为了应对不同情况，它可在短时间内改成机匣右方供弹，且无须专用工具。

美国海军特种兵使用 M2HB 重机枪

No.12 美国 Mk 48 通用机枪

基本参数	
口径	7.62 毫米
全长	1010 毫米
枪管长	502 毫米
重量	8.2 千克
弹容量	100 发、200 发

Mk 48 通用机枪由比利时 FN 公司于 21 世纪初期研制，在美国特种作战司令部辖下的多支特种部队服役。

•研发历史

20 世纪 90 年代，美国陆军以 M240 机枪（FN MAG 通用机枪的美军制式版本）全面取代已经长时间服役的 M60 通用机枪，但是美国海军特种部队对 M240 机枪的战术性能并不看好，因此在 2001 年提出了新的轻武器研发计划。

美国陆军士兵在阿富汗使用 Mk 48 通用机枪

2001 年 3 月，美国特种作战司令部批准该计划，并于 9 月下旬向比利时 FN 公司提出新机枪的研制要求。于是，FN 公司便在 Mk 46 机枪的基础上将口径增大到 7.62 毫米，形成了 Mk 48 通用机枪。

枪体构造

美国空军士兵在阿富汗使用 Mk 48 通用机枪

Mk 48 通用机枪采用自导气式原理，导气系统没有调节功能，供弹方式为 M13 弹链。由于该机枪主要为特种部队研制，为了提高战术性能，在机枪上装有 5 条战术导轨，能够安装各种枪支战术组件，包括各类瞄准镜和前握把等。Mk 48 通用机枪的两脚架连接在导气活塞筒上，为内置整体式，并有连接三脚架的配接器。该枪采用固定聚合物枪托，也有一些型号的 Mk 48 通用机枪使用了伞兵型旋转伸缩式管形金属枪托。

作战性能

虽然 Mk 48 通用机枪比 5.56 毫米口径的 M249 轻机枪要重，但是与同口径的 M240 通用机枪相比还是要轻上不少。Mk 48 通用机枪装有提把，能够在不使用辅助设备的情况下快速更换枪管，这种设计对枪管容易因长时间射击而变热的机枪来说非常有用，能够提高机枪的使用效率。Mk 48 通用机枪的缺点是机匣寿命较短，有效射程和射击精度不如 M240 通用机枪。

Mk 48 通用机枪开火瞬间

No.13 苏联／俄罗斯 AK-74 突击步枪

基本参数	
口径	5.45 毫米
全长	943 毫米
枪管长	415 毫米
重量	3.3 千克
弹容量	20 发

AK-74 突击步枪是苏联著名枪械设计师卡拉什尼科夫于 20 世纪 70 年代研制的突击步枪，由 AKM 突击步枪改良而成。

●研发历史

俄罗斯士兵试射 AK-74 突击步枪

20 世纪 60 年代，由于美国 M16 突击步枪的成功，许多国家都开始研制小口径步枪弹及武器。苏联两位枪弹设计师维克多·萨巴尼科夫与利迪亚·布拉夫斯科亚研制了一种 5.6×42 毫米口径的步枪弹，之后发展成 5.45×39 毫米步枪弹。同时，卡拉什尼科夫也开始对 AKM 突击步枪进行改进，缩小口径以发射小口径步枪弹，并研制了一些发射 5.45 毫米步枪弹的试验枪。经过对比后，苏军最终决定采用卡拉什尼科夫研制的突击步枪，新枪被命名为 AK-74 突击步枪，同时由于 5.45×39 毫米步枪弹也是在 1974 年开始批量生产，因此也被称为 1974 型步枪弹。

●枪体构造

AK-74突击步枪及其弹匣

AK-74突击步枪增加了一个高效的枪口装置,其外表为圆柱形,内部为双室结构,完全由整体机加工而来。这个枪口装置是AK-74突击步枪与AKM突击步枪在外形上最大的区别,它能有效减少后坐力,并将发射声音往前方扩散。此外,AK-74突击步枪装有双刺刀卡笋,刺刀可当钢丝钳锯使用。

●作战性能

由于使用小口径弹药并加装了枪口装置,AK-74突击步枪的连发散布精度大大提高,不过单发精度仍然较低,而且枪口装置导致枪口火焰比较明显,尤其是在黑暗中射击。此外,该枪对于AK系列枪机撞击机匣的问题依然没有解决,且仍采用缺口式照门,射击精度仍低于一些西方枪械。但AK-74仍不失为一把优秀的突击步枪,它使用方便,未经过训练的人都能很轻松地进行全自动射击。

装备AK-74突击步枪的俄罗斯伞兵

No.14 俄罗斯 OTs-14 突击步枪

基本参数

口径	9 毫米
全长	610 毫米
枪管长	240 毫米
重量	3.6 千克
弹容量	20 发

OTs-14 突击步枪是俄罗斯军队现役的无托结构突击步枪，主要使用 9×39 毫米亚音速弹药。

●研发历史

OTs-14 突击步枪的研制计划始于 1992 年 12 月，主设计师是维列里·捷列什和尤里·列别捷夫。研发团队以成熟的 AKS-74U 卡宾枪为基础，设计出一款结合了各种近身战斗枪械特点的新武器。在经过近一年的测试后，OTs-14 突击步枪在 1994 年初开始批量生产，同年 4 月在莫斯科武器展销会中亮相。很快，OTs-14 突击步枪赢得了俄罗斯联邦内务部队和国防部旗下的特种部队的青睐。此后，该枪也被其他部队采用。

测试中的 OTs-14 突击步枪

●枪体构造

OTs-14 突击步枪是在 AKS-74U 卡宾枪的基础上改进而来,继承了后者的气动式活塞系统和转栓式枪机闭锁系统,以及气冷枪管、弹匣供弹等特性。OTs-14 突击步枪与 AKS-74U 卡宾枪有 75% 的部件是可以互换的,主要零件也是从 AKS-74U 卡宾枪改良所得,并有所简化,以降低生产成本。OTs-14 突击步枪采用了无托结构,提高了便携性,使枪重保持平衡,易于单手握持,并可以像手枪一样单手射击。

★ 拆解后的 OTs-14 突击步枪

●作战性能

OTs-14 突击步枪设计初期有 5.45×39 毫米、5.56×45 毫米、7.62×39 毫米和 9×39 毫米四种口径,但为满足内务部队在车臣战争中对近战武器的需求,早期只生产了 9×39 毫米的型号,后来也生产了 7.62×39 毫米的型号,以满足其他部队的需要。由于采用模块化设计,OTs-14 突击步枪的任何型号都能通过更换零件迅速变成其他型号,以适应不同任务的需要。OTs-14 突击步枪可以安装夜视仪,加强夜间作战能力。

★ OTs-14 突击步枪双手握持示意图

No.15 苏联／俄罗斯 AS 突击步枪

基本参数	
口径	9 毫米
全长	875 毫米
枪管长	200 毫米
重量	2.5 千克
弹容量	10 发、20 发

AS 突击步枪是苏联于 20 世纪 80 年代研制的特种步枪，发射俄制 9×39 毫米特种弹药。AS 是 Avtomat Spetsialnij 的缩写，意为"特种突击步枪"。

● 研发历史

AS 突击步枪是由彼德罗·谢尔久科领导的研究小组在 20 世纪 80 年代后期研制的，它与另一种名为 VSS 的微声狙击步枪为同一系列的武器。AS 突击步枪与 VSS 微声狙击步枪都是以小型突击步枪的机匣为基础研制而成，两者的主要区别是枪托和握把的

装备 AS 突击步枪的俄罗斯"阿尔法"特种部队

不同。AS 突击步枪与 VSS 微声狙击步枪在 80 年代后期开始装备部队，均被俄罗斯的侦察部队和特种部队广泛采用。

●枪体构造

AS突击步枪双手握持示意

AS突击步枪采用导气式工作原理，枪机回转闭锁方式。击锤式击发机构能实现单发或连发射击，保险机构可避免无意扣压扳机或枪膛未闭锁时出现走火。AS突击步枪的护木很短，管状钢架形枪托可向左面侧向折叠。机匣左侧有一个瞄准镜安装架，可以安装各种与AK系列突击步枪和SVD系列狙击步枪通用的白光或夜视光学瞄准镜，另外也备有机械瞄准具。

●作战性能

AS突击步枪采用整体式双室消音器，通过发射特制的亚音速重型弹头，比起有效射程相当的微声武器具有更低的噪音，但弹头的终点效能更大。该枪发射增强穿甲弹头枪弹时，能够击穿5毫米厚钢板或软蒙皮物质，可用于杀伤400米距离内穿有防弹衣的人员。该枪采用可拆卸的弧形双排塑料弹匣，有两种容量，一种为20发（标配），另一种为10发。弹匣的外表面有独特的压痕，目的是提供明显的触觉辨认，避免用错其他弹匣类型（特别是在夜间）。

手持AS突击步枪的俄罗斯特种兵

No.16 俄罗斯 OSV-96 狙击步枪

基本参数	
口径	12.7 毫米
全长	1746 毫米
枪管长	1000 毫米
重量	11.7 千克
弹容量	5 发

OSV-96 狙击步枪是俄罗斯图拉仪器设计局设计制造的重型半自动狙击步枪（反器材步枪），绰号"胡桃夹子"（Cracker）。

● 研发历史

OSV-96 狙击步枪是 20 世纪 90 年代初图拉仪器设计局由 12.7 毫米 V-94 试验型反器材步枪改进而成的，主要用途是打击距离超过 1000 米的有生目标、反狙击、贯穿厚墙和轻型装甲战斗车辆。OSV-96 狙击步枪主要装备俄罗斯特种部队和在车臣的内政部部队，并出口国外。

OSV-96 狙击步枪俯视图

第 2 章 长管枪械

黑色涂装的 OSV-96 狙击步枪

•枪体构造

OSV-96 狙击步枪是一种采用传统型气动式操作和四锁耳转栓式枪机的半自动步枪。该枪采用了很长的浮置式枪管，枪口装有大型双室式枪口制动器。枪身铰链前方的枪管护套上装有折叠式提把和折叠式两脚架。枪托为木制，装有一块黑色塑料制造的托腮板，但是长度和高度是不可调节的。OSV-96 狙击步枪可以在机匣上装上光学瞄准镜或夜视瞄准镜，同时装有可折叠式紧急后备机械瞄具。

•作战性能

OSV-96 狙击步枪最明显的特点是它的枪身可以向右折叠，折叠后的枪身缩短至 1154 毫米，方便储藏、携带和运输。即使在折叠状态以下，它也可以迅速重新展开并进入战斗发射模式。该枪主要发射 12.7×108 毫米全金属被甲型及穿甲型狙击弹药，以及 B-32 型、BZT 型、BS 型等各式穿甲燃烧弹。此外，该枪也可以通用 12.7 毫米大口径普通机枪弹，但精度会受到影响。该枪能够攻击距离超过 1800 米的敌方人员，以及距离超过 2500 米的战斗物资。OSV-96 狙击步枪的缺点是噪音过大，因此在射击时要佩戴耳塞。

★ OSV-96 狙击步枪及其弹药

No.17 苏联/俄罗斯 VSS 狙击步枪

基本参数

基本参数	
口径	9 毫米
全长	894 毫米
枪管长	200 毫米
重量	2.6 千克
弹容量	10 发、20 发

VSS 狙击步枪是苏联于 20 世纪 80 年代研制的微声狙击步枪，VSS 是 Vinovka Snaiperskaja Spetsialnaya 的缩写，意为"特种狙击步枪"。

● 研发历史

VSS 狙击步枪其实就是 AS 突击步枪的狙击型，也是由彼德罗·谢尔久科领导的研究小组研制，1987 年开始服役。与 AS 突击步枪一样，VSS 狙击步枪也是专为特种部队研制的。该枪已经装备俄罗斯的特种部队及执法机构的行动单位，而且在各地的武装冲突中得到了广泛的应用。

★ 手持 VSS 狙击步枪的俄罗斯特种兵（中）

• 枪体构造

俄罗斯特种兵使用 VSS 狙击步枪瞄准目标

VSS 狙击步枪是以 AS 突击步枪为基础改进而来的，两者的结构和原理完全一样。在外形上，两者的区别主要是枪托和握把不同。VSS 狙击步枪取消了独立小握把，改为框架式的木制运动型枪托，枪托底部有橡胶底板。由于 VSS 狙击步枪被定位为特种任务武器，因此它可以分解成三部分，并且放进 450 毫米 ×370 毫米 ×140 毫米的盒子内，同时附有两个弹匣、PSO-1 瞄准镜以及 NSPU-3 夜视瞄准镜。

• 作战性能

VSS 狙击步枪隐蔽性强，除了可以进行半自动单发射击外，必要时也可进行全自动射击。VSS 狙击步枪与 AS 突击步枪配用的弹药有所不同，AS 突击步枪虽然也可以发射 SP-6 穿甲弹和 PAB-9 穿甲弹，但主要发射价格便宜的 SP-5 普通弹；而 VSS 狙击步枪主要发射 SP-6 穿甲弹，但也可以发射 SP-5 普通弹。两者的弹匣可以通用，但是 VSS 狙击步枪的标准配备是 10 发弹匣。

配备 VSS 狙击步枪的俄罗斯特种兵（左后）

No.18 俄罗斯 VSK-94 狙击步枪

基本参数	
口径	9 毫米
全长	932 毫米
枪管长	230 毫米
重量	2.8 千克
弹容量	20 发

VSK-94 狙击步枪是俄罗斯设计制造的轻型微声狙击步枪，其尺寸小巧，深受俄罗斯陆军侦察部队和反恐小分队欢迎。

● 研发历史

20 世纪 90 年代初，俄罗斯图拉仪器设计局自主研发了一种警用近距离作战武器，设计目标是具有比 AKS-74U 突击步枪更轻、有更好的停止作用和侵彻能力，生产和维护成本也要更低。1994 年，设计完成的 9A-91 突击步枪开始小批量生产，同年交付俄罗斯联邦内务部试用。之后，图拉仪器设计局又研制出 9A-91 突击步枪的狙击步枪版本，即 VSK-94 微声狙击步枪。

★ 俄罗斯特种兵使用 VSK-94 狙击步枪

●枪体构造

装有光学瞄准镜的VSK-94狙击步枪

VSK-94狙击步枪采用气动式操作、转栓式枪机,护木、手枪握把、枪托都使用较轻的聚合物制造。拉机柄隐藏在机匣右侧,充当快慢机的安全及发射选择杆位于机匣左侧,略高于扳机护圈,可以选择半自动和全自动射击。上翻式调节的金属机械照门只能令VSK-94狙击步枪攻击200米以内的目标,要利用机匣左方装上放大4倍的PSO-1瞄准镜才能射击400米以内的目标。VSK-94狙击步枪的枪托可以更换,底托上有橡胶垫,可以增强射击时的舒适性。

●作战性能

VSK-94狙击步枪的机匣采用低成本的金属冲压方式生产,以减少生产成本、所需的金属原料和生产所需的时间,且更容易进行维护及维修。该枪发射9×39毫米步枪弹,能对400米距离内的目标发动突袭。枪口可以安装高效消音器,以便在射击时减小噪音,还能完全消除枪口焰,大大提高射手的隐蔽性和攻击的突然性。

装备VSK-94狙击步枪的俄罗斯特种兵

No.19 俄罗斯 VKS 狙击步枪

基本参数	
口径	12.7 毫米
全长	1125 毫米
枪管长	450 毫米
重量	5 千克
弹容量	5 发

VKS 狙击步枪是俄罗斯设计制造的重型无托微声狙击步枪（反器材步枪），发射 12.7×54 毫米亚音速步枪弹。

•研发历史

VKS 狙击步枪是应俄罗斯联邦安全局特种部队的要求开发，2002 年完成设计，同年开始批量生产。该枪的设计意图是要取得比 9 毫米 VSS 狙击步枪更出色的微声射击和贯穿力。VKS 狙击步枪的主要攻击目标是 600 米范围内身穿重型防弹衣或是躲藏在汽车和其他坚硬掩体后方的敌人。

装备 VKS 狙击步枪的俄罗斯特种兵

•枪体构造

VKS 狙击步枪的钢制机匣采用金属冲压加工的方式制作而成，机匣前部上方两侧设有 6 个大型散热孔。该枪采用无托结构，将枪机等主要部件放在手枪握把的背后，从而缩短了总长度而不缩短枪管长度,适合在城市反恐作战中使用。与手动步枪一样,VKS 狙击步枪需要以手动方式完成上膛和退膛动作。不过,VKS 狙击步枪使用的手动枪机并非是旋转后拉式枪机,而是不常见的直拉式枪机。

★ 展览中的 VKS 狙击步枪

●作战性能

虽然 VKS 狙击步枪的直拉式枪机存在结构复杂和可靠性差的弊端,但与其他的传统型手动枪机相比,直拉式枪机具有更快的操作速度,熟练的射手可以使其射击速度不亚于一支半自动步枪。VKS 狙击步枪使用聚合物材料制作而成的枪托,减轻了全枪的重量。枪托尾部设有一块由橡胶制造的后坐缓冲垫,设计为向内凹陷样式,使用者抵肩时非常舒适,而且能够有效地吸收后坐力。

★ 手持 VKS 狙击步枪的俄罗斯特种兵

No. 20 俄罗斯 Pecheneg 通用机枪

基本参数	
口径	7.62 毫米
全长	1155 毫米
枪管长	658 毫米
重量	8.7 千克
弹容量	100 发、200 发、250 发

Pecheneg（佩切涅格）通用机枪是俄罗斯中央研究精密机械制造局研制的现代化通用机枪，发射 7.62×54 毫米步枪弹。

• 研发历史

Pecheneg 通用机枪是 20 世纪 90 年代俄罗斯中央研究精密机械制造局在 PKM 通用机枪的基础上改进而来的 7.62 毫米口径通用机枪，1999 年开始装备部队，主要用户为俄罗斯陆军和执法机构的部分特种部队。

俄罗斯士兵采用跪姿操作 Pecheneg 通用机枪

●枪体构造

　　Pecheneg 通用机枪与 PKM 通用机枪有 80% 的零件可以通用，Pecheneg 通用机枪最主要的改进是使用了一根具有纵向散热开槽的重型枪管，从而避免在枪管表面形成上升热气，并保持枪管冷却，令 Pecheneg 通用机枪更准确、更可靠。Pecheneg 通用机枪的机匣顶部有固定提把，枪口装有两脚架。此外，Pecheneg 通用机枪能够在机匣左侧的瞄准镜导轨上，安装上各种光学瞄准镜或夜视瞄准镜。

装有背带的 Pecheneg 通用机枪

●作战性能

　　Pecheneg 通用机枪能够保持 1000 发/分的持续射速，或以 50 发/分的长点射速度连续射击 600 发子弹，且不会缩短枪管寿命，所有枪管的寿命约 30000 发。在利用两脚架射击时，Pecheneg 通用机枪的命中率比 PKM 通用机枪高出 2.5 倍，如果用三脚架或车载射架，则比 PKM 通用机枪高出 1.5 倍。在长时间射击时，Pecheneg 通用机枪不会像 PKM 通用机枪那样在枪管表面形成上升热气，因而不会干扰瞄准目标。

手持 Pecheneg 通用机枪的俄罗斯特种兵

No.21 英国 SA80 突击步枪

基本参数	
口径	5.56 毫米
全长	785 毫米
枪管长	518 毫米
重量	3.82 千克
弹容量	30 发

SA80 突击步枪是英国恩菲尔德兵工厂研制的无托结构突击步枪，发射 5.56×45 毫米北约标准步枪弹。

● 研发历史

SA80 突击步枪的研制最早可以追溯到 20 世纪 70 年代，英军从 80 年代中期开始将其列为制式武器，以代替 FN FAL 系列的 L1A1 步枪。SA80 突击步枪的英国军方编号为 L85。时至今日，改进型号 L85A2 突击步枪仍在英军中服役。此外，L86 轻型支援武器、L22 卡宾枪和 L98 教练用枪都是 SA80 系列步枪的成员。

装备 SA80 突击步枪的英军士兵

使用SA80突击步枪的英国海军陆战队士兵

•枪体构造

　　SA80突击步枪的自动方式为导气式，闭锁方式为枪机回转式。拉机柄位于枪身左侧，同枪机框相连，射击时随枪机框一起前后运动。机柄槽有防尘盖，当机框后坐时可以自动打开。SA80突击步枪的导气管形似活塞，其上有三个位置：正常气孔、加大气孔、关闭气孔。加大气孔供恶劣条件下使用，关闭气孔供发射枪榴弹时使用。下机匣上装有扳机、握把、弹匣座和托底板等。握把内装有卡销式准星和照门，以供应急使用。

•作战性能

　　根据英军在"沙漠风暴"行动中的实战记录，SA80突击步枪早期型号有着严重卡壳、双重进弹甚至彻底卡死的问题，其他常见的状况还有枪托破裂、弹匣经常脱落、撞针松脱或弹力不足等。后来改良为L85A1突击步枪并使用专用弹也未能解决卡壳问题，就算是德国黑克勒·科赫公司投入巨资改良为L85A2突击步枪后，口碑依然欠佳。因此，英国陆军特种部队彻底放弃L85系列步枪而全面改用M16系列步枪。

SA80突击步枪开火瞬间

No.22 英国 AW 狙击步枪

基本参数	
口径	7.62 毫米
全长	1180 毫米
枪管长	660 毫米
重量	6.5 千克
有效射程	800 米

AW 狙击步枪是英国研制的手动狙击步枪，AW 是"Arctic Warfare"的缩写，意为"北极作战"。AW 狙击步枪有多种衍生型号，在军队、警察和民间均很普及。

● 研发历史

为取代已过时的 L42A1 狙击步枪，英国于 1982 年为新的狙击手武器系统招标。在最终的筛选过程中，精密国际公司的 PM 步枪淘汰了帕克黑尔公司的 M85 步枪，被英国军方正式列装，代号 L96A1。PM 步枪装备部队后，精密国际公司仍根据英

手持 AW 狙击步枪的英军狙击手（中）

军提出的要求继续改进，新的改进型 AW 狙击步枪于 1988 年开始服役。AW 狙击步枪原本只有 7.62 毫米北约口径型，1998 年又推出了 5.56 毫米北约口径型。精密国际公司以 AW 狙击步枪为基础，陆续推出了一系列不同类型的狙击步枪，包括警用型 AWP、消声型 AWS、马格南型 AWM 和点 50 BMG 口径型 AW50 等。此外，上述型号中均有被称为 F 型的折叠枪托型，

如 AW-F 或 AWM-F。

●枪体构造

AW 狙击步枪的机匣由铝合金制成，枪托由高强度塑料制成，分为两节，与机匣螺接在一起。枪管由不锈钢制成，螺接在超长的机匣正面，可在枪托内自由浮动。机枪后部拉机柄周围有数条纵向槽，进水后也不会结冰，射手仍可完成装填动作。

★ 精心伪装的狙击手及其 AW 狙击步枪

●作战性能

AW 狙击步枪的枪机操作快捷，只需向上旋转 60 度和拉后 107 毫米，这种设计的优点很明显：射手在操作枪机时，头部能一直靠在托腮处，所以可以一边保持瞄准镜中的景象一边抛出弹壳和推弹进膛。而且枪机还具有防冻功能，即使在零下 40 摄氏度的温度中仍能可靠地运作，而这一点也是英军特别要求的。事实上，"北极作战"的名称便源于其在严寒气候下良好的操作性。据介绍，AW 狙击步枪能达到 0.75 MOA（Minute of Angle，角分）的精度，在 550 米距离上发射比赛弹的散布直径能小于 51 毫米。北约测试中心曾进行了 25000 发的可靠性测试，表明 AW 狙击步枪的枪管非常耐用。在不降低精度的情况下，其枪管寿命可达 5000 发。

使用 AW 狙击步枪的澳大利亚狙击手

No.23 法国 FAMAS 突击步枪

基本参数	
口径	5.56 毫米
全长	757 毫米
枪管长	488 毫米
重量	3.8 千克
弹容量	25 发

FAMAS 突击步枪是法国于 20 世纪 60 年代研制的无托结构突击步枪，被法国军队及警队选作制式突击步枪，阿根廷、菲律宾、印度尼西亚等多个国家也有采用。

● 研发历史

FAMAS 突击步枪于 1967 年开始研制，主设计师是轻武器专家保罗·泰尔，研制目标是既能取代 9 毫米 MAT49 冲锋枪和 7.5 毫米 MAS 49/56 步枪，又能取代一部分轻机枪。1971 年，圣艾蒂安兵工厂提交了样枪，供法国步兵团试验。经过两年的试验后，圣艾蒂

★ 手持 FAMAS 突击步枪的喀麦隆士兵

安兵工厂又对某些部件做了修改，并增加了三发点射控制装置。FAMAS 突击步枪最初的型号为 FAMAS F1，之后又有 FAMAS G1、FAMAS G2 和 FAMAS Félin 等改进型。1979 年，法国陆军伞兵部队率先装备了第一批 FAMAS 突击步枪。

•枪体构造

FAMAS 突击步枪采用延迟后坐式自动原理，闭锁待击，整个枪体都采用层压技术制造，钢制零件都进行了表面磷化处理，轻合金制成的机匣则进行了阳极化处理。上护木的外形非常独特，包括了方拱形塑料提把和一个很轻的管状铝合金两脚架。提把上有机械瞄准具，还配有瞄准镜座，可以安装各种光学瞄准装置。

装备 FAMAS 突击步枪的法国外籍军团士兵

•作战性能

法国军队在"沙漠风暴"行动中使用了 FAMAS 突击步枪，他们认为该枪在战场上非常可靠。不管是在近距离的突发冲突还是中远距离的点射，FAMAS 突击步枪都有着优良的表现。该枪不需要安装附件就可发射枪榴弹，包括反坦克弹、人员杀伤弹、反器材弹、烟幕弹、催泪弹。FAMAS 突击步枪的缺点在于弹容量较少，火力持续性差。瞄准基线较高，如果加装瞄准镜会更高，不利于隐蔽。此外，该枪枪膛靠后，离射手头部较近，发射时噪音大，抛出的弹壳和烟雾会影响射手。

装备 FAMAS 突击步枪的法国陆军士兵

No.24 法国 FR-F2 狙击步枪

基本参数	
口径	7.62 毫米
全长	1200 毫米
枪管长	650 毫米
重量	5.3 千克
弹容量	10 发

FR-F2 狙击步枪是 7.62 毫米 FR-F1 狙击步枪的改进型，从 20 世纪 80 年代中期开始逐步取代 FR-F1 装备法国军队，目前仍是法国军队的主要武器之一。

● 研发历史

FR-F2 狙击步枪是法国地面武器工业公司（GIAT）在 7.62 毫米 FR-F1 狙击步枪的基础上改进而成的，1984 年年底完成设计定型，从 20 世纪 80 年代中期开始逐步取代 FR-F1，装备法国军队直到现在，装备级别和战术使命与 FR-F1 完全相

装备 FR-F2 狙击步枪的法军狙击手

同。由于 FR-F2 的射击精度很高，从 90 年代开始便成为法国反恐部队（如法国宪兵特勤队）的主要装备之一，用于在较远距离上打击重要目标，如恐怖分子中的主要人物、劫持人质的要犯等。

• 枪体构造

FR-F2 狙击步枪的基本结构如枪机、机匣、发射机构都与 FR-F1 狙击步枪一样。主要改进之处是改善了武器的人机工效，如在前托表面覆盖无光泽的黑色塑料；两脚架的架杆由两节伸缩式架杆改为三节伸缩式架杆，以确保枪在射击时的稳定，有利于提高命中精度。另外在枪管外增加了一个用于隔热的塑料套管，目的是减少使用时热辐射

怀抱 FR-F2 狙击步枪的法军士兵

或因热辐射产生的薄雾对瞄准镜及瞄准视线的干扰，同时还降低了武器的红外特征，便于隐蔽射击。

• 作战性能

FR-F2 狙击步枪精度高、威力大、声音小，适合中远距离隐蔽偷袭。该枪没有机械瞄准具，只能用光学瞄准镜进行瞄准射击，除了配有 4 倍（或 8 倍）白光瞄准镜外，还配有夜间使用的微光瞄准镜，从而使其具有全天候使用性能。FR-F2 狙击步枪使用 7.62×51 毫米北约标准步枪弹，枪口初速为 852 米/秒，有效射程超过 800 米。

使用 FR-F2 狙击步枪的法军士兵

No.25 德国 HK416 突击步枪

基本参数	
口径	5.56 毫米
全长	797 毫米
枪管长	264 毫米
重量	3.02 千克
弹容量	20 发、30 发

HK416 突击步枪是德国黑克勒·科赫公司在 HK G36 突击步枪和 M4 卡宾枪的基础上改进而来的突击步枪。

●研发历史

HK416 突击步枪由德国黑克勒·科赫公司研制，项目负责人为美国"三角洲"特种部队退伍军人拉利·维克斯（Larry Vickers），该项目原本称为 HK M4，但因柯尔特公司拥有 M4 系列卡宾枪的

HK416 突击步枪及其携行箱

商标专利，所以黑克勒·科赫公司将其改称为 HK416。黑克勒·科赫公司曾欲以 HK416 参与美国特种作战司令部的特种部队战斗突击步枪（SOF Combat Assault Rifle，SCAR）项目的竞标，但未能成功。HK416 突击步枪被多个国家的特种部队采用，包括美国"三角洲"特种部队和"海豹"突击队。

第 2 章 长管枪械

★ 装有两脚架的 HK416 突击步枪

● 枪体构造

　　HK416 突击步枪采用了 HK G36 突击步枪的短冲程活塞传动式系统，枪管由冷锻碳钢制成，拥有很长的寿命。该枪的机匣及护木设有 5 条战术导轨以安装附件，采用自由浮动式前护木，整个前护木可以完全拆下，改善全枪重量分布。枪托底部设有降低后坐力的缓冲塑料垫，机匣内有泵动活塞缓冲装置，有效减少后坐力和污垢对枪机运动的影响，从而提高武器的可靠性，另外还设有备用的新型金属照门。

● 作战性能

　　由于 HK416 突击步枪沿用了 M16 突击步枪的一些结构，且外形也与之相似，所以对惯用 M16 的人来说很容易上手。HK416 突击步枪曾在美国陆军位于亚利桑那州的地面武器试验场进行可靠性试验，在多种极端环境下，不同类型的枪管、不同类型的弹药、安装或不安装消声器所表现出来的可靠性都优于 M16 突击步枪，甚至可以在水下射击，美军同级枪械 M4A1 CQBR、M16A4 只要枪机进水，就会炸膛，而 HK416 突击步枪完全没有问题，而且射击时几乎没有热量和火药燃气（污物）传至枪机。

HK416 突击步枪开火瞬间

No.26 德国 DSR-1 狙击步枪

基本参数	
口径	7.62 毫米
全长	990 毫米
枪管长	650 毫米
重量	5.9 千克
弹容量	4 发、5 发

DSR-1狙击步枪是由德国DSR-精密公司（DSR-Precision）研制的紧凑型无托狙击步枪，2000年开始批量生产。

●研发历史

DSR-1是1号防御狙击步枪（Defensive Sniper Rifle No.1）之意。该枪由现已停止生产的埃尔玛SR-100狙击步枪改进而成，主要供警方狙击手使用。2004年之前，位于奥本多夫的德国AMP技术服务公司（AMP Technical Services）也生产和销售过DSR-1狙击步枪。

特警队员使用DSR-1狙击步枪监视目标

除德国联邦警察第9国境守备队（GSG-9）和特别行动突击队（SEK）以外，奥地利GEO特警队、爱沙尼亚警察部队、卢森堡特警部队、拉脱维亚军队、马来西亚皇家空军反恐特种部队和西班牙警察部队等单位也采用了DSR-1狙击步枪。

装有光学瞄准镜的 DSR-1 狙击步枪

●枪体构造

　　DSR-1 狙击步枪采用无托结构，铝合金制造的机匣向前延伸形成带散热孔的枪管护罩，向后延伸连接枪托底板。由于没有机械瞄具，DSR-1 狙击步枪必须利用机匣顶部的 MIL-STD-1913 战术导轨安装日间/夜间光学狙击镜、红点镜、全息瞄准镜、夜视镜、热成像仪或其他战术配件。可折叠式两脚架安装在护木顶部的 MIL-STD-1913 战术导轨以上，位置可以前后移动。DSR-1 狙击步枪还有一个高度可调的专用后脚架，可以通过微调后脚架的高度，令射手在执行长时间狙击任务时，不需要一直使用肩窝抵紧枪托，减少肌肉疲劳。

●作战性能

　　DSR-1 狙击步枪大量采用了高技术材料，如铝合金、钛合金、高强度玻璃纤维复合材料，既减轻了重量，又保证了武器的坚固性和可靠性。该枪的精度很高，在搭配比赛等级的弹药和有利的环境条件下，可以达到 0.2 MOA。对于旋转后拉式步枪来说，采用无托结构时由于拉机柄的位置太靠后，往往会造成拉动枪机的动作幅度较大和用时较长，但由于 DSR-1 狙击步枪的定位是警用狙击步枪，强调首发命中而非射速，用在正确的场合时这个缺点并不明显。

装备 DSR-1 狙击步枪的特警队员

No.27 奥地利 AUG 突击步枪

基本参数	
口径	5.56 毫米
全长	790 毫米
枪管长	508 毫米
重量	3.6 千克
弹容量	30 发

AUG 突击步枪是奥地利斯泰尔·曼利夏公司于 1977 年推出的突击步枪，由于设计优良、外形美观，许多国家的特种部队都装备了这种武器。

●研发历史

AUG 突击步枪的研发目的是为了替换当时奥地利军方采用的 Stg.58（FN FAL）战斗步枪。斯泰尔·曼利夏公司于 1974 年开始绘制原型，当时还没有决定采用光学瞄准镜为标准瞄具，但已经确定采用模块化设计。奥地利军方让 AUG 与 FN FAL 突击步枪

手持 AUG 突击步枪的新西兰士兵

（比利时）、FN CAL 突击步枪（比利时）、Vz.58 突击步枪（捷克斯洛伐克）和 M16A1 突击步枪（美国）进行了对比试验，AUG 的表现可圈可点。这种新型步枪经过技术试验和部队试验后，于 1977 年正式被奥地利陆军采用。除奥地利外，英国、美国、阿根廷、澳大利亚、马来西亚、菲律宾、新西兰等国家均有装备。

第 2 章 长管枪械

装备 AUG 突击步枪的澳大利亚士兵

●枪体构造

AUG 突击步枪采用短活塞导气原理，导气活塞插入枪管上的连接套内，连接套内有导气室，导气活塞的复进簧也位于导气室内。外形上最突出的特点是无托结构，这使得它的全长在不影响弹道表现下缩短了 25%（与其他有同样枪管长度的步枪相比）。AUG 突击步枪将以往多种设计理念合理地组合起来，结合成一个可靠美观的整体。

●作战性能

在奥地利军方的对比试验中，AUG 突击步枪的性能表现可靠，而且在射击精度、目标捕获和全自动射击的控制方面表现优秀。不过，AUG 突击步枪也存在一些缺点：活塞与前握把靠得很近，射手的手掌容易灼伤；瞄准镜把手太小，近身搏击后容易折断；背带环的位置不够合理，背挂、携行以及战斗使用难以得心应手。

装备 AUG 突击步枪的奥地利特种兵

No.28 比利时 F2000 突击步枪

基本参数	
口径	5.56 毫米
全长	688 毫米
枪管长	400 毫米
重量	3.6 千克
弹容量	30 发

F2000 突击步枪是比利时 FN 公司于 20 世纪 90 年代研制的突击步枪，已被不少国家的特种部队采用。

● 研发历史

F2000 突击步枪的研制开始于 1995 年，当时 FN 公司着手研制一种新的武器系统，考虑到未来特种作战的需要，公司将模块化思想从始至终地贯穿到这个新产品的开发中。为满足士兵在战场环境中很容易更换部件来适应不同情况的需

装备 F2000 突击步枪的斯洛文尼亚军队

求，该枪可以非常方便地更换各个模块，而且还为未来可能出现的新型部件留下了接口。F2000 突击步枪的首次亮相是在 2001 年 3 月的阿联酋阿布扎比举行的阿布扎比国际防务展（IDEX）展览会上。

• 枪体构造

F2000 突击步枪的自动方式为导气式，采用枪机回转式闭锁。该枪采用混合式发射模式选择钮及前置式抛壳口，由一段经机匣内部、枪管上方的弹壳槽导引至枪口上抛壳口并向右自然排出，解决了左手射击时弹壳抛向射手面部及气体灼伤的问题。该枪射击时首发弹壳会留在弹壳槽内，直到射击至第三、第四发后首发弹壳才会排出。光学瞄准具安装在 MIL-STD-1913 皮卡汀尼轨道上，外罩一个模压的框架，框架内设有缺口和柱状准星。

装备 F2000 突击步枪的秘鲁士兵

• 作战性能

F2000 突击步枪大量采用复合材料，外形光滑、流畅，重量比 FAMAS、AUG 和 SA80 等著名无托结构突击步枪更轻，所以非常适合特种部队使用。该枪采用 30 发弹匣供弹，拆装十分方便。标准瞄准具为 1.6 倍的光学瞄准具，即使是在阴暗的天气里，目标影像也很清晰。

★ 装备 F2000 突击步枪的巴基斯坦特种兵

No.29 比利时 MAG 通用机枪

基本参数	
口径	7.62 毫米
全长	1263 毫米
枪管长	487.5 毫米
重量	11.79 千克
弹容量	250 发

MAG 通用机枪是比利时于 20 世纪 50 年代研制的通用机枪，发射 7.62×51 毫米北约标准步枪弹，已经被数十个国家采用。

• 研发历史

二战以后，许多国家的设计人员都试图利用德国 MG42 通用机枪的原理，生产自己的通用机枪。20 世纪 50 年代初期，比利时 FN 公司的枪械设计师欧内斯特·费尔菲成功研发了一种通用机枪，也就是 MAG 通用机枪。这种机枪已被美国、英国、

★ 使用 M240G 的美国海军陆战队员

加拿大、比利时和瑞典等数十个国家采用，是西方国家装备的主要机枪之一，总数超过 20 万挺。其中，美国军队装备的版本被命名为 M240，80 年代中期开始服役。目前，美国特种部队使用的型号主要是 M240B 和 M240G。

● 枪体构造

配备三脚架的 MAG 通用机枪

MAG 通用机枪采用导气式工作原理、闭锁杆起落式闭锁机构。自动机仿自美国勃朗宁 M1918 自动步枪，闭锁杆起落式闭锁机构的闭锁部位有所改动。供弹机构参考德国 MG42 通用机枪的双程供弹装置。一般情况下，MAG 通用机枪配用两脚架，需要时可以装在三脚架上射击。MAG 通用机枪采用机械瞄准具，准星为片状，准星座装在横向的燕尾槽中。表尺为立框式，可以折叠。

● 作战性能

　　MAG 通用机枪可作轻、重机枪使用，战术用途广，结构坚固，动作可靠。与同时期其他机枪相比，该枪的特别之处在于其枪管下方的气体排出孔处设有气体调节器。气体调节器与导气装置一样位于枪管下方的气动活塞前方，装在导气箍中，与气体调节器气塞相连，为可调整的螺旋式设计。借助气体调节器，MAG 通用机枪的射速可在 600～1000 发/分的范围内调节。

MAG 通用机枪开火

No.30 瑞士 SG 550 突击步枪

基本参数	
口径	5.56 毫米
全长	998 毫米
枪管长	528 毫米
重量	4.05 千克
弹容量	5 发、10 发、20 发、30 发

SG 550 突击步枪是瑞士西格·绍尔公司于 20 世纪 70 年代研制的 5.56 毫米突击步枪，被瑞士陆军选作制式步枪。

● 研发历史

20 世纪 70 年代后期，在世界轻武器出现小口径浪潮的情况下，瑞士军方也决定装备一种小口径步枪，取代 7.62 毫米 SG 510 系列步枪。1978 年，瑞士军方拟订了一份招标细则。招标发出后，瑞士伯尔尼武器工厂着手研制 6.45 毫米口径步枪，西格·绍尔公司研制 5.56 毫米口径步枪。1983 年 2 月，瑞士联邦议会决定采用西格·绍尔公司研制的新枪，并正式命名为 SG 550。除瑞士外，巴西、法国、德国、印度、波兰、西班牙等国家也有采用。

★ 手持 SG 550 突击步枪的瑞士士兵

● 枪体构造

SG 550 突击步枪采用导气式自动方式，子弹发射时的气体不是直接进入导气管，而是通过导气箍上的小孔进入活塞头上面弯成 90 度的管道内，然后继续向前，抵靠在导气管塞子上，借助反作用力使活塞和枪机后退而开锁。SG 550 突击步枪大量采用冲压件和合成材料，大大减轻了重量。枪管用镍铬钢锤锻而成，枪管壁很厚，没有镀铬。消焰器长 22 毫米，其上可安装新型刺刀。标准型的 SG 550 突击步枪有两脚架，以提高射击的稳定性。

★ 拆解后的 SG 550 突击步枪

● 作战性能

SG 550 突击步枪采用屈光校准瞄准具，高低与方向可调。瞄准具上有荧光点，便于夜间瞄准射击。此外，还可安装望远瞄准镜或红外瞄准具，也可使用北约标准瞄准具座，安装任何光学瞄准镜。该枪在透明弹匣两侧附有弹匣连接卡笋，使多个弹匣不需附加其他装置就可以很方便地并联在一起。

瑞士士兵试射 SG 550 突击步枪

第 3 章
短管枪械

　　短管枪械是指枪管较短、整枪尺寸较小的枪械，包括手枪、冲锋枪等。这些枪械轻便小巧、方便携带，主要用于室内近距离战斗，也是特种部队士兵最重要的自卫武器。

No.31 美国 M9 手枪

基本参数	
口径	9 毫米
全长	217 毫米
枪管长	125 毫米
重量	0.969 千克
弹容量	15 发

M9 手枪（M9 Pistol）是美国军队于 1985 年开始采用的制式手枪，由意大利伯莱塔公司研制。目前，M9 手枪仍被美国各大军种广泛采用，包括多支特种部队。

● 研发历史

1978 年，美军提出需要采用一种新手枪，用以取代老旧的 M1911 手枪。之后，多家著名枪械公司参加了选型试验。经过一番角逐，1985 年 1 月，美军宣布伯莱塔 92F 手枪胜出，并将其选为制式手枪，正式命名为 M9 手枪。1988 年，

美国海军陆战队士兵使用 M9 手枪进行射击训练

M9 手枪发生了套筒断裂的事故，随后，伯莱塔公司按照美国陆军的要求进行了改进设计，按这种标准生产的 92F 手枪改称 92FS 手枪。至此，M9 手枪真正取代经典的 M1911 手枪，成为

美军新的制式手枪。2003年，美国军方推出了M9手枪的改进型，命名为M9A1手枪。

•枪体构造

M9手枪开火瞬间

M9手枪采用枪管短行程后坐作用原理、闭锁方式为卡铁下沉式、单/双动扳机设计，以15发可拆式弹匣供弹。M9手枪的套筒座、握把都是由铝合金制成的，不过为了减轻枪的重量，握把外层的护板是木质的。在保险装置上，不再是过去的按钮式，而是变成了摇摆杆。扳机护圈的增大，即便是戴上手套扳动扳机也非常顺手。

•作战性能

M9手枪体积小、重量轻、使用方便、动作可靠，在风沙、尘土、泥浆及水中等恶劣战斗条件下适应性强，其枪管的使用寿命高达10000发。M9手枪从1.2米高处落在坚硬的地面上不会出现走火，在战斗中损坏后，较大故障的平均修理时间不超过半小时，小故障不超过10分钟。

手持M9手枪的美国陆军特种兵

No.32 美国 MEU（SOC）手枪

基本参数	
口径	11.43 毫米
全长	209.55 毫米
枪管长	127 毫米
重量	1.105 千克
弹容量	7 发

MEU（SOC）手枪是美国海军陆战队专门为陆战队远征队（Marine Expeditionary Unit）研制的半自动手枪，由M1911手枪改装而来。

● 研发历史

美国海军陆战队研制MEU（SOC）手枪的初衷在于他们并不喜欢M9制式手枪，因此他们提出以海军陆战队偏爱的M1911手枪为基础，为他们的精锐部队生产一种专门的手枪。这种手枪在1986年根据陆战队远征队的需求开始设计，由美国海军陆

装备MEU（SOC）手枪的美国海军陆战队士兵

战队精确武器工厂的军械工人手工生产。这些手枪没有正式定型，一律称为MEU（SOC）手枪或MEU手枪。

第3章 短管枪械

美国海军陆战队士兵使用MEU（SOC）手枪进行射击训练

•枪体构造

MEU（SOC）手枪是由M1911A1手枪的底把改装而来的，但弧形的握把背板改为直线形，坡膛抛光并加宽，其他改进还有：从商业途径订购套筒，并增加了防滑纹；扩展抛壳口，以提高可靠性；增加右侧的保险柄；安装了一个纤维材料的后坐缓冲器；握把底部增加了吊环；配用7发不锈钢弹匣。

•作战性能

MEU（SOC）手枪的后坐缓冲器颇具争议，既有赞扬也有反对的声音。缓冲器可以降低后坐感，在速射时尤其有利，但其本身似乎不太耐用，批评就集中在缓冲器的小碎片容易积累在手枪里面导致出现故障。每名陆战队远征队士兵在训练周期内通常要用MEU（SOC）手枪发射80000发子弹，然后要将枪送回精确武器工厂进行翻新和维护。

美国海军陆战队士兵试射MEU(SOC)手枪

No.33 俄罗斯 GSh-18 手枪

基本参数	
口径	9 毫米
全长	184 毫米
枪管长	103 毫米
重量	0.47 千克
弹容量	18 发

GSh-18 手枪是由俄罗斯联邦仪器设计局于 20 世纪 90 年代研制和生产的半自动手枪，被选为俄罗斯军用制式手枪（备用枪械），发射多种 9×19 毫米鲁格弹。

●研发历史

1998 年，俄罗斯联邦仪器设计局为满足本国军警需求（体积小、重量轻、弹匣容弹量大和射击稳定性好等），开始设计新型手枪。该设计局以 P-96 手枪（1990 年研发的一款军警用大型半自动手枪）为原型，设计出了 GSh-18 手枪。

空仓挂机状态的 GSh-18 手枪

同年，GSh-18 手枪参加了俄罗斯军队从 1993 年开始的新型手枪选型试验。2001 年，GSh-18 手枪被俄罗斯司法部、内政部和军队的特种部队所采用，并开始向国外出口。

•枪体构造

　　GSh-18手枪采用枪管短后坐式自动原理,闭锁方式为枪管回转式,即枪管在套筒内回转并与套筒闭锁。GSh-18手枪的闭锁突笋有10个之多,呈环状均匀分布于枪管外表面。GSh-18手枪采用击针平移式击发机构,没有外露的击锤。发射方式与奥地利格洛克手枪一样,为特殊的双动模式,即首发射击时,扣动扳机能够使击针后移并打开保险使击发机构待发,继续扣动扳机就可以击发枪弹。为了操作简便,GSh-18手枪没有设置手动保险。

拆解后的GSh-18手枪

•作战性能

　　GSh-18手枪的设计理念与奥地利格洛克手枪类似,整体而言,GSh-18更像是一种操作简便的警用手枪。使用GSh-18手枪射击非常舒适,射击稳定性和精度也不错。这是因为GSh-18手枪的握把外形非常合手,全枪的布局合理,手枪的重心位于握把处,而且无击锤的击发机构最大限度地使枪管轴线接近握持着力点,因此射击平衡性非常好,加之瞄准具的结构非常有利于快速瞄准射击,所以再次瞄准射击的恢复时间较短。

GSh-18手枪的弹匣

No.34 俄罗斯 MP-443 手枪

基本参数	
口径	9 毫米
全长	198 毫米
枪管长	112.5 毫米
重量	0.95 千克
弹容量	17 发

MP-443 手枪是由俄罗斯枪械设计师弗拉基米尔·亚雷金设计、卡拉什尼科夫集团（原伊兹玛什公司）生产的半自动手枪，被俄罗斯军队选为制式手枪（备用枪械）。

●研发历史

MP-443 手枪的研发工作始于 1993 年，2000 年设计定型。2003 年，MP-443 手枪被俄罗斯军队和执法机关以下的各个部队所采用，与 GSh-18 手枪一样作为制式手枪。2006 年 9 月以后，也成为执法机关的制式手枪，被俄罗斯特警队特别反应小组和内务部防暴警察特种部队特殊用途机动单位所采用。

★ MP-443 手枪及其弹药

● 枪体构造

　　MP-443 手枪是双动操作、短行程后坐作用式半自动手枪，主要部分由金属制成（不锈钢制枪管，以及碳钢制底把和套筒），而握把护板则由聚合物制造。MP-443 手枪的击锤隐藏在套筒内，以防止在拔出手枪时被衣服和装备所缠绕，弹匣释放按钮的位置在扳机护圈的后部，准星则是套筒上的固定部件，而且不可调节。

拆解后的 MP-443 手枪

● 作战性能

　　作为一支 20 世纪末研制的手枪，MP-443 手枪并没有顺应潮流使用聚合物或轻型合金作底把材料，而是采用全钢结构。因此 MP-443 手枪重量较大，随身携带略有不便，但是非常坚固。由于底把前端的防尘盖上没有安装战术灯、激光指示器等附件的导轨，如果要安装附件，需要进行改装，例如在防尘盖上钻孔，然后用螺丝固定上附件导轨。

MP-443 手枪击锤部位特写

No.35 苏联/俄罗斯 PSS 微声手枪

基本参数	
口径	7.62 毫米
全长	165 毫米
枪管长	35 毫米
重量	0.7 千克
弹容量	6 发

PSS 微声手枪是苏联中央精密机械研究所研制的微声手枪，1983 年开始服役，时至今日仍然被俄罗斯特种部队广泛使用。

●研发历史

PSS 微声手枪是专门针对克格勃的特工和苏联陆军中的特种部队而特别研制的，1983 年被正式采用，取代了 MSP 手枪和 S4M 手枪两种过时且火力不足的特种武器。苏联解体后，PSS 微声手枪被转交给俄罗斯境内的执法部门和特种部队使用。

★ PSS 微声手枪及其弹药

●枪体构造

PSS 微声手枪采用常规手枪的自由枪机式自动原理，但结构比较特殊。PSS 微声手枪的枪管由可活动的弹膛和固定式的线膛组成，弹膛可以后坐 8 毫米，具有单独的弹膛复进簧。它的枪机复进簧安装在套筒内枪管上方部位。发射机构也有特点，配有外露击锤，可单动也可双动击发。

简单拆解后的 PSS 微声手枪

●作战性能

世界上常见的微声手枪大多是在枪管前加装消音器，而 PSS 微声手枪却独辟蹊径，采用了一种独特的 7.62×42 毫米 SP-4 消声弹，通过阻止火药燃气流出达到消声、消焰的目的。SP-4 消声弹的火药和弹头之间有一个活塞，射击时，火药点燃后活塞迅速推动弹头向前运动，但很快活塞被弹壳的肩部挡住，这样噪音和烟雾便被堵在弹壳内，唯一的噪音是弹头飞出枪口后手枪的自动操作声。SP-4 消声弹的有效射程是 50 米，能够穿透 25 米范围内的标准钢盔。

使用 PSS 微声手枪的俄罗斯特种兵

No.36 苏联/俄罗斯 PP-91 冲锋枪

基本参数	
口径	9 毫米
全长	530 毫米
枪管长	120 毫米
重量	1.57 千克
弹容量	20 发、30 发

PP-91 冲锋枪是苏联于 20 世纪 90 年代研制的 9 毫米冲锋枪,1994 年开始服役。

●研发历史

PP-91 冲锋枪的原型是由叶夫根尼·德拉贡诺夫（SVD 狙击步枪的设计师）在 20 世纪 70 年代初期根据苏联军队的要求而设计的 PP-71 冲锋枪,但后来研制计划被搁置,直到 90 年代初期,俄罗斯警察认为需要增强他们在近距离战斗中的火力,才重

弹匣取出后的 PP-91 冲锋枪

新开展小型冲锋枪的计划。伊热夫斯克兵工厂的设计师对 PP-71 冲锋枪进行改进,其成果就是 PP-91 冲锋枪。1994 年,PP-91 冲锋枪开始在兹拉托乌斯特机械厂批量生产。

第 3 章 短管枪械

●枪体构造

★ PP-91 冲锋枪左侧视角

　　PP-91 冲锋枪的全长为 530 毫米，枪托折叠后只有 305 毫米，枪管长为 120 毫米，枪膛内有 4 条右旋膛线。当需要安装消音器时，PP-91 冲锋枪需要更换一种外表有螺纹的短枪管。机匣由 1 毫米厚的冲压钢板铆接和焊接而成，最后经过了黑色磷酸盐处理。枪尾是由机器锻造的，与冲压折叠式金属枪托焊接在一起。冲压而成的金属扳机护圈焊接在机匣下面。枪机锻造加工，左侧有整体式的压簧杆，浮动的击针没有击针簧，有一个弹簧定位的拉壳钩。抛壳挺被固定在机匣左侧的内壁。扳机的右上方有快慢机/手动保险杆，在机匣上的标记 AB 表示全自动，OD 表示半自动，P 表示保险。机匣尾部竖起一块片状的觇孔照门，在机匣前端有可调节高低和风偏的准星。

●作战性能

　　PP-91 冲锋枪以反冲作用及闭锁式枪机运作，这种设计比起使用开放式枪机的枪械有着更高的精确度。PP-91 冲锋枪能够切换半自动和全自动两种射击模式，在全自动模式时会以约 800 发/分的理论射速进行射击。该枪的供弹装置为 20 发或 30 发容量的双排弹匣，枪上的可折叠枪托可用于减轻后坐力。与许多现代冲锋枪一样，PP-91 冲锋枪也能装上激光瞄准器和抑制器。

PP-91 冲锋枪右侧视角

No.37 俄罗斯 PP-2000 冲锋枪

基本参数

基本参数	
口径	9 毫米
全长	555 毫米
枪管长	182 毫米
重量	1.4 千克
弹容量	20 发、44 发

PP-2000 冲锋枪是俄罗斯研制的 9 毫米冲锋枪，同时兼具冲锋手枪和个人防卫武器的特点。

● 研发历史

PP-2000 冲锋枪是为适应反恐作战需要而研制的。在与恐怖分子多年的作战中，俄罗斯陆军和特种部队体会到：作战小分队进入城区、山地或丛林地带作战，无法得到重武器火力支援，因而自身需要配备便携的强火力轻武器。图拉仪器设计局了解这种情况后，很快推出了 PP-2000 冲锋枪。2006 年，PP-2000 冲锋枪正式装备部队。

★ 使用 PP-2000 冲锋枪的俄罗斯特种兵

第 3 章 短管枪械

悬挂在腰间的 PP-2000 冲锋枪

•枪体构造

PP-2000 冲锋枪的结构非常简单,零部件非常少,以简化维护作业和降低造价,全枪外形紧凑,机匣与握把和扳机护圈由高强度塑料制作成一个整体的部件,扳机护圈的前部可以兼作前握把。PP-2000 冲锋枪采用自由式枪机,但为了提高射击精度而采用闭锁待击方式。枪机是包络式,枪机的前部分暴露于机匣外,并兼作上膛推柄。枪口露出的位置较多,不影响附加消音器等枪口装置。

•作战性能

PP-2000 冲锋枪的设计紧凑,有利于缩小体积和减轻重量,对提高人机工效、美观度和精准度也有帮助。PP-2000 冲锋枪主要发射俄罗斯生产的 7N21 和 7N31 穿甲弹,但也能使用西方国家流行的 9×19 毫米弹药,适合进行高精度近距离射击。PP-2000 冲锋枪的枪口可装消音器,机匣顶部的 MIL-STD-1913 战术导轨可装红点镜或全息瞄准镜,快慢机可由拇指直接操作,拉机柄可以左右转动。

PP-2000 冲锋枪双手持枪示意

No.38 德国 PP/PPK 手枪

基本参数	
口径	7.65 毫米
全长	170 毫米
枪管长	98 毫米
重量	0.665 千克
弹容量	8 发

★ PPK 手枪

PP 手枪是德国瓦尔特公司于 20 世纪 20 年代后期研制的半自动手枪，PPK 手枪是 PP 手枪的缩小版本。

●研发历史

一战结束后，作为战败国，德国受到了很多限制，其中一条就是枪械的口径不得超过 8 毫米，枪管长不得超过 100 毫米。有鉴于此，德国瓦尔特公司于 1929 年开发了一种具有划时代意义的自动手枪——PP 手枪。1930

PPK 手枪及其弹药

年，为了满足高级军官、特工、刑事侦查人员的需求，瓦尔特公司又在 PP 手枪的基础上推出了 PPK 手枪。PP/PPK 手枪的设计非常成功，对二战后的手枪设计产生了极大的影响。直到今天，瓦尔特公司仍然在继续生产 PP/PPK 手枪。

●枪体构造

PP 手枪右侧枪身特写

PP/PPK 手枪采用自由枪机式自动方式，在结构上集中了当时世界上一系列非常先进的设计特点，如采用勃朗宁手枪复进簧直接套在枪管上的结构布局；瓦尔特独特的套筒与枪身分解结合结构；双动发射机构；膛内有弹指示器；设有手动保险、击针保险、跌落保险、枪机不到位保险等多重保险，并大胆地把外露式击锤和横向按压式弹匣扣等大中型战斗手枪的可靠结构用在小型自卫手枪上。

●作战性能

PP/PPK 手枪的结构极为简单，两者的零件总数分别为 42 件和 39 件，而其中可以通用的零件为 29 件。两者都使用 7.65×17 毫米手枪弹，弹匣下部有一段塑料延伸体，能让射手握得更牢固。总体来说，PP/PPK 手枪是非常适合特殊作战的自卫手枪。与 PP 手枪相比，PPK 手枪的外形更小巧，方便隐蔽携带，在使用安全性上的考虑也更为周到。

PPK 手枪尺寸示意

No.39 德国 USP 手枪

基本参数	
口径	9 毫米、10 毫米、11.43 毫米
全长	194 毫米
枪管长	105 毫米
重量	0.78 千克
弹容量	12 发、13 发、15 发

USP 手枪是德国黑克勒·科赫公司研制的半自动手枪，USP 意为通用自动装填手枪（Universal Self-loading Pistol）。

● 研发历史

USP 手枪的研制工作始于 1989 年，1993 年设计定型，同年开始批量生产。USP 手枪最初设计发射 9 毫米鲁格弹以及 0.40 英寸 S&W（10×22 毫米），后来制造出的衍生型可以发射 0.45 英寸 ACP（11.43×23 毫米），而后研发的 USP Compact（紧凑型）系列，

USP 手枪及其弹药

可以发射以上三种子弹规格，还有独有的 0.357 英寸 SIG（9×22 毫米）。其他衍生型包括 USP Tactical（战术型）、USP Expert（专家型）、USP Match（比赛型）、USP Elite（精英型）。USP 手枪性能优秀，被世界多个国家的特种部队和特警队采为制式武器，包括美国海军"海豹"突击队、韩国国家特警队、挪威海军特种部队、澳大利亚陆军特种部队、巴西陆军特种部队、德国战斗蛙人部队和日本特殊急袭部队等。

●枪体构造

USP 手枪由枪管、套筒座、套筒、弹匣和复进簧组件 5 个部分组成，共有 53 个零件。其滑套是以整块高碳钢加工而成，表面经过高温和氮气处理，具有很强的防锈和耐磨性。枪管是由铬钢冷锻制成，材质和炮管属同一等级。枪身由聚合塑胶制成，内衬钢架以降低重心，从而增强射击稳定性。撞针保险和击锤保险为模块式，且扳机组带有多种功能，能根据射手的习惯进行选择。

装有战术灯的 USP 手枪

●作战性能

USP 手枪汲取了奥地利 Glock 手枪与瑞士 SIG 手枪的优点，如套筒、闭锁机构设计，广泛采用聚合塑胶材料。USP 手枪首创了护弓前缘多用途沟槽，可加挂专用的激光标定瞄准器或强光手电筒，这使 USP 手枪成为第一种拥有完整配件以执行反恐与特种任务的枪种。

USP 枪口部位特写

No.40 德国 Mk 23 Mod 0 手枪

基本参数	
口径	11.43 毫米
全长	421 毫米
枪管长	149 毫米
重量	1.21 千克
弹容量	12 发

Mk 23 Mod 0 手枪是由德国黑克勒·科赫公司研制的半自动手枪，被多个国家的常规部队和特种部队采用，包括美国"海豹"突击队、"绿色贝雷帽"特种部队等。

• 研发历史

20世纪80年代末，美国特种作战司令部为加强辖下特战部队的战力，对外发出了新型手枪的招标信息。1991年，黑克勒·科赫公司同其他公司一起参与了此次招标。在经过严格的测试后，黑克勒·科赫公司的 Mk 23 Mod 0 手枪不仅在恶劣环境下有着

装有战术附件的 Mk 23 Mod 0 手枪

特别高的耐久性、防水性和耐腐蚀性，而且可以发射数万发子弹，枪管不会损坏或需要更换，完全符合特种部队作战的要求，于是被美国特种作战司令部采用。1996年，Mk 23 Mod 0 手枪正式开始服役。

● 枪体构造

Mk 23 Mod 0 手枪使用一条特制的六边形设计枪管，目的在于提高准确性和耐用性。它还有一个设于枪身两边的手动保险和弹匣卡笋，使得双手皆能轻松操作。手动保险的位置在大型待击解脱杆的后部，而弹匣卡笋的位置在扳机护圈的后部，并且两者都特别设计得很大，以便双手的拇指能够直接操作和戴上手套射击时轻松上弹。

★ Mk 23 Mod 0 手枪及其包装袋

● 作战性能

Mk 23 Mod 0 手枪被定义为比赛级军用手枪，射击精度较高。不过，美国特种部队许多队员对这种"进攻型"手枪并不太感兴趣。主要是因为它的尺寸偏大，而且较重，单手射击不方便。另外，整个 Mk 23 Mod 0 手枪系统太贵，不可能装备到每一位战斗人员，因此一些特种部队也采用了其他型号的手枪。

Mk 23 Mod 0 手枪接受测试

No.41 德国 HK45 手枪

基本参数	
口径	11.43 毫米
全长	191 毫米
枪管长	115 毫米
重量	0.785 千克
弹容量	8 发、10 发

HK45 手枪是由德国黑克勒·科赫公司于 2006 年设计的半自动手枪，现已被美国和澳大利亚等国家的军警单位采用。

• 研发历史

HK45 手枪的设计目的是参与美军联合战斗手枪（Joint Combat Pistol）计划。该计划打算为美国特种部队更换一种可以同时发射 0.45 英寸 ACP（11.43 毫米）普通弹、比赛弹和高压弹的半自动手枪，并且取代 M9 手枪。为了能够更好地理解美军的要求，黑克勒·科赫公

HK45C 手枪及其弹药

司聘请了从美军"三角洲"特种部队退伍的拉利·维克斯和肯哈·克索恩一起担任 HK45 手枪项目的负责人。2006 年，联合战斗手枪计划被无限期中止。由于 HK45 手枪在民间市场有着很

高的人气，黑克勒·科赫公司还是决定把 HK45 手枪投入市场。HK45 手枪的衍生型主要包括紧凑型 HK45C、战术型 HK45T 和紧凑战术型 HK45CT。2010 年 9 月，紧凑型 HK45C 被美国海军特种作战司令部采用。

● 枪体构造

HK45 手枪在底把的扳机护圈前方整合有皮卡汀尼导轨，握把前方带有手指凹槽，并且有可更换的握把背板以适应使用者手掌的大小。为了适应更小、更符合人体工程学的手枪握把，HK45 手枪使用容量 10 发的专用可拆式双排弹匣。紧凑型 HK45C 使用容量 8 发的弹匣供弹，并使用了传统型直握把。这种设计可以让使用者因应其手掌大小不同而使用不同大小的更换式后方握把片，以调节握把的形状和尺寸。

HK45 手枪单手握持示意

● 作战性能

HK45 手枪的设计遵循人体工程学，减轻了操作时对枪身造成的压力，同时增加使用者操作时的舒适度。HK45 手枪坚固耐用，整枪寿命可达 20000 发。有的使用者不喜欢握把前方的手指凹槽，因为这些手指凹槽只适合手掌大小适中的男性。所以手掌较小的使用者可能更适合使用没有手指凹槽的紧凑型 HK45C 手枪。

装备 HK45 手枪的美军特种兵

No.42 德国 MP5 冲锋枪

基本参数	
口径	9 毫米
全长	680 毫米
枪管长	225 毫米
重量	2.54 千克
弹容量	15 发、30 发、100 发

MP5 冲锋枪是德国黑克勒·科赫公司于 20 世纪 60 年代研制的冲锋枪,也是黑克勒·科赫公司最著名及制造量最多的枪械产品。

● 研发历史

MP5 冲锋枪的设计源于 1964 年黑克勒·科赫公司的 HK54 冲锋枪项目,以 HK G3 自动步枪的设计缩小而成。1966 年,该枪被联邦德国采用后,正式命名为 HK MP5。1977 年 10 月 17 日,德国特种部队在摩加迪沙反劫机行动中使用了 MP5

美军测试 MP5 冲锋枪和 AKM 突击步枪

冲锋枪,4 名恐怖分子均被击中,3 人当即死亡,1 人重伤,人质获救,MP5 冲锋枪在近距离内的命中精度得到证明。此后,德国各州警察相继装备 MP5 冲锋枪,而国外的警察、军队特别是特种部队都注意到 MP5 冲锋枪的高命中精度,于是出口逐渐增加。时至今日,MP5 冲锋枪几乎成了反恐特种部队的标志。

MP5K 冲锋枪及其包装箱

●枪体构造

　　MP5 冲锋枪采用了与 HKG3 自动步枪一样的半自由枪机和滚柱闭锁方式，当武器处于待击状态在机体复进到位前，闭锁楔铁的闭锁斜面将两个滚柱向外挤开，使之卡入枪管节套的闭锁槽内，枪机便闭锁住弹膛。射击后，在火药气体作用下，弹壳推动机头后退。一旦滚柱完全脱离卡槽，枪机的两部分就一起后坐，直到撞击抛壳挺时才将弹壳从枪右侧的抛壳窗抛出。

●作战性能

　　MP5 冲锋枪火力猛烈，便于操作，可靠性强，命中精度高。与 MP5 同时期研制的冲锋枪普遍采用自由后坐式，以便大量生产，但由于枪机质量较差，射击时枪口跳动较大，准确性不佳，而 MP5 采用 HKG3 自动步枪结构复杂的闭锁枪机，且采用传统滚柱闭锁机构来延迟开锁，射击时枪口跳动较小。因此，MP5 的性能尤为优越，特别是半自动、全自动射击精度相当高，而且射速快、后坐力小、重新装弹迅速，完全弥补了威力稍小的缺点。

美国海军陆战队特种兵试射 MP5 冲锋枪

No.43 德国 MP7 冲锋枪

基本参数	
口径	4.6 毫米
全长	638 毫米
枪管长	180 毫米
重量	1.9 千克
弹容量	20 发、30 发、40 发

MP7 冲锋枪是德国黑克勒·科赫公司于 20 世纪 90 年代末期研发的个人防卫武器，其使用者主要是警察、特警队及特种部队。

●研发历史

20 世纪 80 年代中期，随着小口径弹药技术的成熟，法国和比利时相继进行了小口径单兵自卫武器的研制。尽管比利时研制的 FN P90 冲锋枪未能引起期待的轰动效应，但是也触动了德国黑克勒·科赫（HK）公司。80 年代后期，HK 公司以 4.73 毫米口径的无壳弹为基础设想出了近程自卫武器（NBW）概念，并于 1990 年 4 月制造出了样枪。后来

装备 MP7 冲锋枪的韩国特警

NBW 方案被终止，但是近程自卫武器的设想并没有终止。按照北约提出的单兵自卫武器的大体要求，HK 公司继续推进 NBW 的研制，并称其为单兵自卫武器（Personal Defense Weapon，PDW），同时采用了普通的铜壳弹代替无壳弹。2000 年，PDW 开始装备德国国防军，并被正式命名为 MP7 冲锋枪。之后，MP7 冲锋枪大量出口，被多个国家的特种部队采用。

●枪体构造

MP7冲锋枪大量采用塑料作为枪身主要材料,瞄准方式则采用折叠式的准星照门,不过上机匣也装上了标准的M1913导轨,允许使用者自行加装各式瞄准装置。全枪只由三颗销钉固定,使用者只需用枪弹作为工具就可以完成分解操作,较MP5和UMP冲锋枪更容易。MP7冲锋枪可选择单发或全自动发射,弹匣释放按钮的设计与USP手枪相似,可选配20发容量短弹匣或40发容量长弹匣,也有30发容量弹匣。

装备消音器的MP7冲锋枪

●作战性能

MP7冲锋枪的外形与手枪相似,射击时除了可将枪托拉出抵肩射击之外,经过训练的射手更可以手枪的使用方法来射击。由于枪身短小,所以也适用于室内近距离作战及要员保护。MP7冲锋枪发射4.6×30毫米口径弹药,这种弹药有重量轻和后坐力低的优点,可提供足够的穿透力,有效射程也比9毫米弹药远,只是制止能力有所欠缺。

★ 手持MP7冲锋枪的德国特种兵

No.44 德国 UMP 冲锋枪

基本参数	
口径	9毫米、10毫米、11.43毫米
全长	450毫米
枪管长	200毫米
重量	2.3千克
弹容量	30发

UMP（Universal Machine Pistol，意为通用冲锋枪）是由德国黑克勒·科赫公司于1998年推出的一款冲锋枪，可使用11.43×23毫米、10×22毫米和9×19毫米等弹药。

●研发历史

20世纪90年代，由于11.43毫米口径的高制止力，美国特种部队开始换装11.43毫米口径的手枪，以取代制止力不足的9毫米手枪。不过，特种部队的主要武器仍然是9毫米口径的MP5冲锋枪，使用MP5对付较为难缠

HK UMP 冲锋枪接受测试

的敌人时，常常无法进行有效压制，而且与手枪使用的0.45英寸ACP弹药不同，增加了弹药后勤补给上的不便，于是他们希望能改用11.43毫米口径的冲锋枪作为制式武器，不过当时市面上并没有适合特种作战的11.43毫米口径冲锋枪。针对这种情况，黑克勒·科赫公司研制了UMP冲锋枪。

• 枪体构造

UMP 冲锋枪舍弃了 MP5 冲锋枪传统的半自由式枪机,改用自由式枪机,并使用闭锁式枪机,以确保射击精度,并安装了减速器,把射速控制在 600 发/分,不过在发射高压弹时,射速会提高到 700 发/分。UMP 冲锋枪的顶部、两侧及下侧都可以很方便地安装上 RIS 导轨,任何符合美国 MIL-STD-1913 军用标准的辅助装置都可以安装在导轨上,如小握把、瞄准镜、战术灯、激光瞄准具等。

UMP 冲锋枪左侧视角

• 作战性能

UMP 冲锋枪在设计时采用了 G36 突击步枪的一些概念,并大量采用塑料,不仅减轻了重量,也降低了价格,不过 UMP 冲锋枪仍保持了黑克勒·科赫公司一贯的优良性能和质量。试验证明,UMP 冲锋枪的可靠性很好,射击精度也相当高,尽管 11.43×23 毫米弹药的后坐力较大,但连发时的后坐力却相当低。总之,HK UMP 冲锋枪性能优秀,完全符合特种作战的要求。

UMP 冲锋枪开火瞬间

No.45 瑞士 P226 手枪

基本参数	
口径	9 毫米
全长	195.6 毫米
枪管长	111.8 毫米
重量	0.96 千克
弹容量	20 发

P226 手枪是西格·绍尔公司于 20 世纪 80 年代研制的全尺寸军用型半自动手枪,在多个国家的执法机关和军队服役。

● 研发历史

P226 手枪是西格·绍尔公司于 1980 年推出的产品,当时是为参加美国军队 9 毫米新型手枪选型而研制。尽管 P226 手枪在选型试验中因为价格问题落败于伯莱塔 92F 手枪,但表现最好的 P226 手枪却因此受到执法机构和特种作战单位的青睐。美国联邦调查局和能源部等联邦机构,还有多个州或地区性警察局的普通警员或特警队采用了 P226 手枪。美国许多特种部队也喜欢使用这种优秀的辅助武器。

★ 装有战术灯的 P226 手枪

• 枪体构造

P226 手枪采用枪管短后坐工作原理，枪管摆动式开闭锁方式，常规双动扳机击发机构。这种双动式发射机构通过扣压扳机使击锤向后回转呈待发状态，继续扣动扳机，击锤在击锤弹簧的作用下向前击发枪弹。另外，也可以手动使击锤待发，再扣动扳机实现单动击发。P226 手枪没有手动保险装置，而是通过套筒后部的全自动保险装置确保携带的安全。

P226 手枪及其弹药

• 作战性能

P226 手枪可以装填、发射 9×19 毫米、0.40 英寸 S&W（10×22 毫米）、0.357 英寸 SIG（9×22 毫米）和 0.22 英寸 LR（5.6×15 毫米）四种手枪弹。其中 0.40 英寸 S&W 与 0.357 英寸 SIG 口径之间的转换十分简单，只要更换枪管即可。与西格·绍尔公司之前的 P220 手枪相比，P226 手枪主要增大了弹匣容量。除弹匣外，另一个改进就是两侧都可以使用的弹匣卡笋。P226 手枪可以不改变握枪的手势就能直接用拇指操作弹匣解脱扣。P226 手枪的射击精度很高，它的开锁引导面比 P220 手枪的稍长，这使得 P226 手枪开锁时枪管偏移的时间会比 P220 手枪稍迟一点。

★ 使用 P226 手枪的美国海军"海豹"突击队士兵

No.46 奥地利 Glock 17 手枪

基本参数	
口径	9 毫米
全长	202 毫米
枪管长	144 毫米
重量	0.625 千克
弹容量	17 发

Glock 17 手枪是由奥地利格洛克公司于 20 世纪 80 年代研制的半自动手枪，被各国军队和警察广泛采用。

● 研发历史

20 世纪 80 年代初，奥地利陆军开始寻求新型手枪以取代服役多年的德国瓦尔特 P38 手枪，他们首先试验了斯太尔公司在 70 年代研制的斯太尔 GB 手枪，但试验的结果并不理想。最终，订单落到了当时名不见经传的格洛克公司手上。1983 年，格洛克公司的新

手持 Glock 17 手枪的特种兵

型手枪问世，开始接受奥地利陆军的各种严格的试验，试验结果十分满意，于是奥地利陆军正式采用，并命名为 M80。这种新型手枪的商业名称就是 Glock 17，其产量极大，应用范围也很广，仅美国就有多支特种部队采用。

●枪体构造

　　Glock 17 手枪的外形非常简洁，完全不像传统的手枪外形设计那样讲究曲线的运用。实际上，Glock 17 手枪的设计十分符合实战应用，便于随身携带和使用。手枪握把与枪管轴线的夹角比任何手枪都要大，这个角度是根据人体手臂自然抬起的瞄准姿势与身体的角度而定的，因此几乎不用刻意瞄准便可举枪射击，这样的设计在突然遭遇的近战中瞄准反应速度特别快而且精准度较高。

Glock 17 手枪及其弹匣

●作战性能

　　Glock 17 手枪及其衍生型都以可靠性著称。因为坚固耐用的制造和简单化的设计，它们能在一些极端的环境下正常运作，并且能使用相当多种类的子弹，更可改装成冲锋枪。Glock 17 手枪的零部件也不多，维修相当方便。与其他 Glock 手枪一样，Glock 17 手枪有三个安全装置。

★ Glock 17 手枪释放弹匣

另外，Glock 17 手枪可在水下发射，不过格洛克公司指出如在水下发射可能会使射手受伤，即便如此，部分特种部队队员还是装备 Glock 17 手枪以备不时之需。

No.47 奥地利 Glock 23 手枪

基本参数	
口径	10 毫米
全长	174 毫米
枪管长	110 毫米
重量	0.597 千克
弹容量	13 发

Glock 23 手枪是奥地利格洛克公司研制的半自动手枪，发射 0.40 英寸 S&W（10×22 毫米）手枪弹。

● 研发历史

20 世纪 90 年代，当 0.40 英寸（10 毫米）口径开始在美国流行时，格洛克公司认识到它的价值并推出了 Glock 22 手枪和 Glock 23 手枪。其中，Glock 23 手枪是 Glock 22 手枪的缩小型，相当于 Glock 19 手枪的 0.40 英寸 S&W 口径型。Glock 23 手枪经历了四次修改版本，最新的版本称为第四代 Glock 23（4th generation Glock 23），在套筒上型号位置会加上"Gen4"方便识别。

Glock 23 手枪及其弹匣

第 3 章 短管枪械

Glock 23 手枪枪口部位特写

•枪体构造

为了提高人机工效，最新的 Glock 23 手枪将握把由粗糙表面改为凹陷表面，且握把略微缩小，换装了可更换的握把片，以调整握把尺寸，适合不同的手形使用。套筒内部的复进簧改为双复进簧式设计，大大降低了后坐力和提高了全枪的寿命。为了适应双复进簧式设计，套筒下的聚合物枪身前端部分较前一代 Glock 23 手枪略微加宽。

•作战性能

Glock 23 手枪是一种小巧、轻便、有效的半自动手枪，适合隐蔽使用，在近身作战时非常有效。由于 Glock 23 手枪的尺寸小于 Glock 19 手枪，所以弹容量也由 17 发减少为 13 发。Glock 23 手枪的弹匣设计有所改进，使用者左右手都可以直接按下加大的弹匣卡笋，方便更换弹匣。

Glock 23 手枪及其弹药

No.48 比利时 FN 57 手枪

基本参数	
口径	5.7 毫米
全长	208 毫米
枪管长	122 毫米
重量	0.744 千克
弹容量	10 发、20 发、30 发

FN 57 手枪是比利时 FN 公司为了推广 SS190 弹（5.7×28 毫米）而研制的半自动手枪，主要为满足特种部队和执法部门的需要而设计。

● 研发历史

FN 57 手枪是配合 P90 冲锋枪而研发的。因为 P90 冲锋枪所用的 SS90 子弹是全新研制的，不能用于现有的手枪，所以需要有 FN 57 手枪与之配合，使整个武器系统完整。为使全新的子弹能放进手枪内，1993 年，比利时 FN 公司把 SS90 子弹的弹头改短了 2.7 毫米，并由塑料弹头改用较重的铝或钢制弹头。新子弹称为 SS190，可同时适用于原有的 P90 冲锋枪及新研发的 FN 57 手枪。

FN 57 手枪及其弹药

• 枪体构造

FN 57 手枪扩展了工程塑料在手枪上的应用,以往的手枪只在套筒座、弹匣及其他非主要受力部件上使用工程塑料,而套筒的运动速度很高,需要承受猛烈撞击,因此都是采用优质钢材。FN 57 手枪通过精心设计,首次在手枪套筒上成功采用钢 – 塑料复合结构,支架用钢板冲压成形,击针室用机械加工,用固定销固定在支架上,外面覆上高强度工程塑料,然后表面再经过磷化处理。因此,既减轻重量又保证了强度要求。

土黄色涂装的 FN 57 手枪

• 作战性能

FN 57 手枪配备 SS190 手枪弹,其弹壳直径小,重量轻,因此 20 发弹匣的重量也只相当于 9 毫米手枪 10 发弹匣的重量。9 毫米口径的 Glock 17 手枪只有 370 米/秒的枪口初速,而 FN 57 手枪使用弹头更轻的 SS190 手枪弹却能达到 650 米/秒,能够穿透市面上很多柔性防弹衣。同时,FN 57 手枪的后坐力大幅减轻。不过,由于 SS190 手枪弹是为 FN P90 冲锋枪设计的,在 FN 57 手枪上使用时的枪口焰很大,不利于隐蔽使用。

装有战术灯的 FN 57 手枪

No.49 比利时 P90 冲锋枪

基本参数	
口径	5.7 毫米
全长	500 毫米
枪管长	263 毫米
重量	2.54 千克
弹容量	50 发

P90 冲锋枪是比利时 FN 公司于 1990 年推出的个人防卫武器，P90 是 "Project 90" 的简写，意即 20 世纪 90 年代的武器专项。

● 研发历史

1986 年，美国战备协会提出了"单兵防御武器"计划，具体要求是重量轻，易于携带，容易瞄准和操作，能有效应对防弹衣。针对这一需求，比利时 FN 公司成功研制出 P90 冲锋枪，1990 年开始批量生产。由于冷战结束，P90 冲锋枪并没有接到预期中的大量军方订单，但仍被其他单位采用。时至今日，装备 P90 冲锋枪的国家已达数十个，使用者多为特种部队或特警部队。

P90 冲锋枪接受测试

P90 冲锋枪及其弹匣

• 枪体构造

P90 冲锋枪独特的外形是基于深入的人体工程学研究：握把类似竞赛用枪的设计，让扣把的手可以在与头部靠近的同时保持舒适，最前方垂直向下的凸起物可以防止副手射击时意外伸到枪口，圆滑的外观也减少了意外被衣服绊住的机会。考虑到要在狭窄环境中通过、使用，P90 冲锋枪的长度被设计为不长于一个人肩膀的宽度（0.5 米），因此采用无托结构的设计，目的是保证枪管长度的同时，尽量把枪身缩短。

• 作战性能

P90 冲锋枪能够有限度的同时取代手枪、冲锋枪及短管突击步枪等枪械，它使用的 5.7×28 毫米子弹能把后坐力降至低于手枪，并能穿透具有四级甚至五级防护能力的防弹背心。P90 冲锋枪的枪身重心靠近握把，有利于单手操作并灵活地改变指向。经过精心设计的抛弹口，可确保各种射击姿势下抛出的弹壳都不会影射击。水平弹匣使得 P90 冲锋枪的高度大大减小，卧姿射击时可以尽量伏低。P90 冲锋枪的野战分解非常容易，经简单训练就可在 15 秒内完成不完全分解，方便保养和维护。

塞浦路斯国民警卫队队员装备的 P90 冲锋枪

No.50 捷克斯洛伐克／捷克 CZ 75 手枪

基本参数	
口径	9 毫米、10 毫米
全长	206.3 毫米
枪管长	120 毫米
重量	1.12 千克
弹容量	12 发、13 发、15 发、16 发

CZ 75 手枪是捷克斯洛伐克于 20 世纪 70 年代研制的半自动手枪，被苏联特种部队率先采用。

● 研发历史

CZ 75 手枪由工程师兄弟约瑟夫·库斯基和弗朗泰斯克·库斯基共同研制。当时，捷克斯洛伐克政府要求一种采用较大容量弹匣供弹和双动扳机的半自动手枪。尽管当时捷克斯洛伐克仍然是华约成员国，但这款手枪却被要求发射 9 毫米鲁格弹，而非华约的制式 9 毫米马卡洛夫枪弹。CZ 75 手枪在 1975 年推出，但直到 20 世纪 90 年代才被

★ CZ 75 手枪及其弹药

捷克军队和警察大量采用，以取代过时的 CZ 52 手枪。此外，美国、古巴、伊朗、立陶宛、波兰、哈萨克斯坦、斯洛文尼亚、土耳其、泰国和智利等国家的军队也装备了 CZ 75 手枪或其仿制型。

● 枪体构造

CZ 75 手枪是一款采用短行程后坐作用、闭锁式枪膛运作的半自动手枪，大部分型号都具备单/双动模式，并在底把左边设有一个手动保险，射手需在上膛后把它向上推，此时手枪的扳机被锁定而无法开火，因此能够被安全携行。与大多数半自动手枪不同的是，CZ 75 手枪的滑套导轨是从外侧整个嵌入滑套外侧的导槽内，这样能够减少滑套的横向松动，有利于提升精度。

★ 装有战术灯的 CZ 75 手枪

● 作战性能

CZ 75 手枪是在勃朗宁"大威力"手枪之后最早采用双排大容量弹匣的 9 毫米手枪之一，但手枪的握把周径极小，适合手掌较小者使用，而且形状、角度在人体工程学上俱佳，握持射击时手感舒服，指向性好。握把护片有胡桃木和塑料两种。CZ 75 手枪的早期型采用 15 发弹匣，现在的型号有 16 发的弹匣（9 毫米标准尺寸型）、12 发弹匣（10 毫米口径型）或 13 发弹匣（9 毫米紧凑型）。

CZ 75 手枪开火瞬间

No.51 以色列"乌兹"冲锋枪

基本参数	
口径	9毫米
全长	650毫米
枪管长	260毫米
重量	3.5千克
弹容量	20发、32发、40发、50发

"乌兹"（Uzi）冲锋枪是由以色列国防军军官乌兹·盖尔于20世纪40年代后期研制的轻型冲锋枪，被世界上许多国家的军队、特种部队、警队和执法机构采用。

• 研发历史

"乌兹"冲锋枪由以色列国防军上尉（后升至少校）乌兹·盖尔（Uziel Gal）于第一次中东战争后的1950年开始设计，1954年开始装备部队，1956年在第二次中东战争中取得令人满意的效果。当时的"乌兹"冲锋枪是军官、车组成员及炮兵部队的自卫武器，也是精英部队的前线武器。

★ 装备"乌兹"冲锋枪的尼日尔士兵

"乌兹"冲锋枪有一种专为以色列反恐特种部队特别设计的型号——伞兵微型"乌兹"（Para Micro Uzi），口径为9毫米，机匣顶部及底部加装战术导轨，改为倾斜式握把。

●枪体构造

"乌兹"冲锋枪采用开放式枪机、后坐作用设计,将弹匣位置改在握把内,部分枪管会被机匣覆盖,令总长度大幅下降,重量分布更加平衡。机匣采用低成本的金属冲压方式生产,以减小生产成本及所需的金属原料,也缩短了生产所需的时间,而且更容易进行维护及维修,但对沙尘的相容性较低,当击锤释放时,退壳口会同时关上以防止沙尘进入机匣造成故障。"乌兹"冲锋枪采用握把式保险(位于握把背部,必须保持按压才可发射),减少了走火概率。

枪托折叠后的"乌兹"冲锋枪

●作战性能

"乌兹"冲锋枪具有良好的平衡性,无论是举在肩膀前射击还是腰部射击,它都令人感觉非常舒适。该枪最突出的特点是与手枪类似的握把内藏弹匣设计,能使射手在与敌人近战交火时迅速更换弹匣(即使是黑暗环境),保持持续火力。不过,这个设计也影响了枪的高度,导致卧姿射击时所需的空间更大。此外,在沙漠或风沙较大的地区作战时,使用者必须经常分解清理"乌兹"冲锋枪。

★ 伞兵微型"乌兹"冲锋枪

No.52 克罗地亚 HS2000 手枪

基本参数	
口径	9 毫米、10 毫米、10.16 毫米
全长	185.4 毫米
枪管长	101.6 毫米
重量	0.85 千克
弹容量	9 发、12 发、13 发、16 发

HS2000 手枪是克罗地亚于 20 世纪 90 年代末研制的半自动手枪，可以发射多种不同口径的手枪弹。

● 研发历史

HS2000 手枪的历史可追溯到 1991 年被选为制式手枪的 PHP 手枪，这是由克罗地亚的私有工业零件公司 IM 金属工厂制造的手枪。由马尔科·武科维奇领导的设计团队，想将 PHP 设计成为一种坚固的手枪，但由于在克罗地亚战争期间大部分制造业都受到影响，质量是早期产品中最困扰人的问题。武科维奇的设计团队在接下来十年之间一直吸取经验并且继续调整和改进设计，并且在 1995 年推出

★ 弹匣取出后的 HS2000 手枪

HS95 手枪，1999 年再推出 HS2000 手枪。该枪被克罗地亚军队和执法机关选为制式手枪，并出口到美国。2002 年，美国春田公司通过协商取得了 HS2000 手枪在美国市场的特许生产权，并且将其改名为 XD-9。后来，春田公司扩大了生产线，并且分为 9 种不同型号。

●枪体构造

HS2000 手枪是短后坐行程作用和击针发射的半自动手枪，多数型号采用串联双复进簧式设计。该枪有三种瞄准装置，除了通常的固定准星和照门之外，还可选用具备风偏修正功能的瞄准具。第三代枪型采用斜面式照门，扳机结构仅支持双动模式。当子弹装入枪膛时，一个圆形的针头从滑套后部的略似碟形的凹陷处探出，相当于一个可视和可触摸的指示器，表明手枪已经装弹。

★ HS2000 手枪及其弹匣

●作战性能

HS2000 手枪有一个独特的设计是位于握把背后的握把式保险，必须按压才可发射。该枪还有防跌落保险，可以防止击针在手枪不慎摔落或受到撞击时释放并且撞击底火。加上扳机，HS2000 手枪共有三个安全保险装置，可以大大减少走火概率。原厂标准两道火扳机的扳机行程为 13 毫米，而扳机扣力在 25～30 牛之间。

★ 手持 HS2000 手枪的克罗地亚士兵

第 4 章
火力支援武器

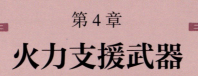

特种部队在作战时极有可能遇到僵持不下的情况，此时打破僵局的最好办法就是寻求火力支援。特种部队常用的火力支援武器有榴弹发射器、火箭筒、便携式导弹等，这些武器所能发挥的火力远大于普通枪械。

No.53 美国 M203 榴弹发射器

基本参数	
口径	40 毫米
全长	380 毫米
枪管长	305 毫米
重量	1.36 千克
枪口初速	76 米/秒

M203 榴弹发射器是美国研制的单发下挂式榴弹发射器，主要对应 M16 突击步枪及 M4 卡宾枪，其衍生型可对应其他多种步枪，也可装上手枪握把及枪托独立使用。

●研发历史

1967 年 7 月，美国陆军武器研究部门宣布了一项名为"榴弹发射器附件研究"（GLAD）的研究计划，明确要求发展一种代替 XM148 的榴弹发射器。经过对比试验后，美国陆军于 1968 年 11 月决定试用 AAI 公司的榴弹发射器，并命名为

★ 装有 M203 榴弹发射器的 M4 卡宾枪

XM203。经过少量改进后，XM203 在 1970 年 8 月被正式命名为 M203。之后，M203 榴弹发射器开始装备美军部队，彻底取代 M79 榴弹发射器及 XM148 榴弹发射器。

•武器构造

M203榴弹发射器下挂在步枪的护木下方,发射器的扳机在步枪弹匣前面,发射时用弹匣充当握把,附有可分离式的象限测距瞄准具及立式标尺。装填弹药时,先按下枪管锁钮让枪管前进,便可从枪管后方装填弹药,一旦让枪管回复原位,撞针便会进入待发模式,之后瞄准并扣下扳机,即可发射榴弹。

美国陆军士兵在阿富汗使用M203榴弹发射器

•作战性能

M203榴弹发射器可与士兵的步枪结合,以单一武器发射子弹及榴弹,降低士兵的装备重量。M203榴弹发射器可发射高爆弹、人员杀伤弹、烟幕弹、鹿弹、照明弹、气体弹及训练弹,在发射40×46毫米榴弹时,有效射程为150米,最大射程为400米。

★ 装备M203榴弹发射器的美国海军"海豹"突击队士兵

No.54 美国 M320 榴弹发射器

基本参数	
口径	40毫米
全长	285毫米
枪管长	215毫米
重量	1.27千克
枪口初速	76米/秒

M320榴弹发射器是德国黑克勒·科赫公司为美国军队研制的单发40毫米榴弹发射器，正式名称为M320榴弹发射器模组（M320 Grenade Launcher Module）。

●研发历史

21世纪初期，美国陆军要求以新的40毫米单发榴弹发射器替换日渐老旧的M203榴弹发射器，多家公司参与了竞标。2006年，成功中标的德国黑克勒·科赫公司提供其设计的XM320榴弹发射器给美军试验，完成试验后改称M320榴弹发射器，2008年开始批量生产，2009年开始服役。

手持M320榴弹发射器的美国陆军士兵

第4章 火力支援武器

美国陆军士兵在步枪上加挂 M320 榴弹发射器

•武器构造

M320 榴弹发射器的设计基于黑克勒·科赫公司的 HK AG36 榴弹发射器（下挂于 HK G36 突击步枪），但不完全相同，M320 榴弹发射器下挂于枪管底下，HK AG36 榴弹发射器则安装在护木下方。M320 榴弹发射器与 M203 榴弹发射器的运作原理相似，与 M203 榴弹发射器一样，M320 榴弹发射器可安装在 M16 突击步枪、M4 卡宾枪上，位于枪管底下、弹匣前方。不过，M320 榴弹发射器拥有整体式握把，无须以弹匣充当握把。目前，独立使用版的 M320 榴弹发射器配有火控系统及类似 HK MP7 冲锋枪的开合式前握把。

•作战性能

M320 榴弹发射器的弹膛向左打开，可发射 M203 榴弹发射器的所有弹药，例如高爆弹、人员杀伤弹、烟幕弹、照明弹及训练弹，甚至新型的长身弹药及非致命弹药。M320 榴弹发射器拥有双动扳机及两边可操作的安全装置，比 M203 榴弹发射器更加灵活。

美国陆军士兵使用独立使用版 M320 榴弹发射器

No.55 美国 Mk 13 Mod 0 榴弹发射器

基本参数	
口径	40 毫米
全长	673 毫米
枪管长	244 毫米
重量	2.69 千克
弹容量	1 发

Mk 13 Mod 0 榴弹发射器是比利时 FN 公司为 FN SCAR 突击步枪配套研制的单发下挂式榴弹发射器，也可通过增加手枪握把及枪托配件改装成一个独立的肩射型榴弹发射器，发射 40×46 毫米低速榴弹。

●研发历史

1995 年，比利时 FN 公司推出采用模块化设计的 FN F2000 步枪，其枪管下方可以加装 GL1 下挂式榴弹发射器模块，颜色及外观设计与 FN F2000 步枪

★ 增加了手枪握把及枪托配件的 Mk 13 Mod 0 榴弹发射器

融为一体。2004 年，FN 公司研制的 FN SCAR 步枪也采用模块化设计，并加装有下挂式榴弹发射器组件，这个榴弹发射器正是以 GL1 为蓝本改进而成的，FN 公司内部命名为"增强型榴弹发射器组件"（Enhanced Grenade Launcher Module，EGLM），对外称为 FN 40GL。美军将 FN SCAR 正式定型为 Mk 16/Mk 17 后，FN 40GL 也被定型为 Mk 13 Mod 0。

●武器构造

　　Mk 13 Mod 0 榴弹发射器采用了由聚合物制造的机匣和扳机接合组件，加上军用标准的坚硬的铝制枪管表面经过了耐腐蚀处理，因此具有坚固耐用、重量轻等优势。机匣正上方和两侧都有战术导轨，可装上任何 MIL-STD-1913 标准的相容配件。手枪握把部分能够与 M16 突击步枪的握把互换。

★ Mk 13 Mod 0 榴弹发射器及其弹药

●作战性能

　　Mk 13 Mod 0 榴弹发射器的枪管采用中折式装填结构，枪管尾端可向左侧或右侧摆动以打开膛室，进行装弹或退壳操作，无论左、右手的使用者都可以灵活地操作。与 HK AG36、AG-C/EGLM 以及 M320 榴弹发射器枪管尾端只能向左侧摆动的结构相比，Mk 13 Mod 0 榴弹发射器的膛室打开方式更方便，无论何种射击姿势或何种射击位置，均可方便地以自己顺手的方式打开膛室。在激烈的战场环境中，这种结构具有明显的优势。

★ 安装在 FN SCAR 突击步枪上的 Mk 13 Mod 0 榴弹发射器

No.56 美国 Mk 47 榴弹发射器

基本参数	
口径	40 毫米
全长	940 毫米
枪管长	610 毫米
全高	205 毫米
重量	18 千克

Mk 47 榴弹发射器是美国于 21 世纪初研制的 40 毫米口径自动榴弹发射器，也被称为"打击者"40（Striker 40），2005 年开始服役。

●研发历史

2006 年 7 月，美国通用动力公司获得价值 2300 万美元的 Mk 47 榴弹发射器生产合约，其生产工作由通用动力公司在缅因州索科市的工厂完成。在此期间，通用动力公司与雷神公司就研制 Mk 47 榴弹发射器的轻量化视像瞄准设备展开了合作。同年，美国特种作战司令部少量采用 Mk 47 榴弹发射器，这批武器被命名为"先进轻型自动榴弹发射

★ 开火中的 Mk 47 榴弹发射器

器"(Advanced Lightweight Grenade Launcher，ALGL)，并在阿富汗和伊拉克投入实战使用。2009年2月，通用动力公司再度获得价值1200万美元的Mk 47榴弹发射器生产合约。

●武器构造

美军特种兵在装甲车上架设Mk 47榴弹发射器

Mk 47榴弹发射器的外形与机枪非常相似，同样具有开放式枪机、方形机匣、弹链供弹并且使用活动枪机完成进弹、退壳和抛壳。不同之处在于Mk 47榴弹发射器的枪管更短，并且采用了反冲原理。Mk 47榴弹发射器采用了先进的检测、瞄准和计算机程序技术。该武器的轻量化视像瞄准设备由雷神公司生产，而其尖端的火控系统采用了非常先进的激光测距系统、I2夜视系统和弹道计算机技术。

●作战性能

Mk 47榴弹发射器对于现代步兵在攻击、防卫或者巡逻等情况下都非常有用，可以对敌方步兵突袭做出快速反应。除了能够发射所有北约标准的高速40毫米榴弹以外，Mk 47榴弹发射器还可发射能够在设定距离进行空爆的MK285智能榴弹，其计算机化的瞄准设备能够让用户自行设定距离。在有效距离内，Mk 47榴弹发射器的精准度与迫击炮相当，但它的弹速更快，而且可以连发攻击不同距离的目标，有利于对付移动的目标。

★ 美国陆军士兵使用Mk 47榴弹发射器

No.57 美国 FIM-92 "毒刺"导弹

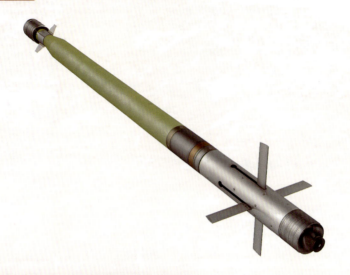

基本参数

基本参数	
口径	70 毫米
全长	1520 毫米
总重	15.19 千克
弹头重量	3 千克
最高速度	748 米/秒

FIM-92"毒刺"（FIM-92 Stinger）导弹是美国研制的单兵近程防空导弹，主要用于战地前沿或要地的低空防御，美国特种部队也将其作为防空武器。

● 研发历史

1971年，美国陆军选择了"红眼睛"Ⅱ型导弹当作未来的便携式防空导弹，型号为FIM-92。随着计划的升级，1972年3月，"红眼睛"Ⅱ型被重新命名为"毒刺"，被

★ "毒刺"导弹发射装置

称为第二代便携式防空导弹。"毒刺"导弹设计使用一个更灵敏的导引头并拥有更好的动力学性能，增加迎头交战能力和一个综合"敌我识别"（IFF）系统。该导弹于1973年11月开始制导测试，但是因为技术上的问题暂停和重新启动几次。1978年，"毒刺"导弹开始批量生产。

● 武器构造

一套"毒刺"导弹系统由发射装置组件和一枚导弹、一个控制手柄、一部敌我识别（IFF）询问机以及一个氩气体电池冷却器单元（BCU）组成。导弹采用一部两级、三状态火箭发动机。第一级可脱离的助推发动机推出导弹，接着第二级先进的"推进-持续"发动机为导弹提供超音速飞行和机动性直到最大射程。

★ 手持"毒刺"导弹的美国陆军士兵

● 作战性能

"毒刺"导弹属于防御型导弹，虽然官方要求两人一组操作，但是单人也可操作。与FIM-43"红眼睛"导弹相比，"毒刺"导弹有两个优势：一是采用第二代冷却锥形扫描红外线自动导引弹头，提供全方位探测和自导引能力，具有"射后不理"能力；二是有敌我识别系统，当友军和敌军飞机在同一空域时，这是一个非常明显的优势。"毒刺"导弹也可装在"悍马"装甲车改装的平台上，或者M2"布雷德利"步兵战车上。此外，也可以由伞兵携带，快速部署于敌军后方。

"毒刺"导弹发射瞬间

No.58 美国FGM-148"标枪"导弹

基本参数	
口径	127毫米
全长	1100毫米
总重	22.3千克
弹头重量	8.4千克
最高速度	136米/秒

FGM-148"标枪"（FGM-148 Javelin）导弹是美国德州仪器公司和马丁·玛丽埃塔公司联合研发的单兵反坦克导弹，现由雷神公司和洛克希德·马丁公司生产。

● 研发历史

FGM-148"标枪"导弹于1989年开始研制，研制工作由美国德州仪器公司和马丁·玛丽埃塔公司共同完成，1994年开始批量生产，1996年正式服役，取代控制手段落后的M47"龙"式反坦克导弹。FGM-148"标枪"导弹曾用于2003年的伊拉克战争，并对伊拉克的T-72坦克和69式坦克造成巨大威胁。在美国军队中，不仅普通部队大量装备FGM-148"标枪"导弹，特种部队也非常喜爱这种武器。

★ FGM-148"标枪"导弹发射装置

● 武器构造

"标枪"导弹是世界上第一种采用焦平面阵列技术的便携式反坦克导弹,配备了一个红外线成像搜寻器,并使用两枚锥形装药的纵列弹头,前一枚引爆任何爆炸性反应装甲,主弹头贯穿基本装甲。该导弹可将主要部件快速分拆,并在需要时快速组装。

"标枪"导弹发射瞬间

● 作战性能

"标枪"导弹具有"射前锁定、射后不理"的特性,对装甲车辆采用顶部攻击的飞行模式,一般而言攻击较薄的顶部装甲,但也可用直接攻击模式攻击建筑物或防御阵地,采用直接攻击模式时也可以用于攻击直升机。顶部攻击时的飞高可达 150 米,直接攻击时则是 50 米。"标枪"导弹具有较小的后焰,能从多种建筑物内发射。"标枪"导弹系统的缺点在于重量大,射程较近。

美军"标枪"导弹小组

No.59 苏联/俄罗斯 AGS-30 榴弹发射器

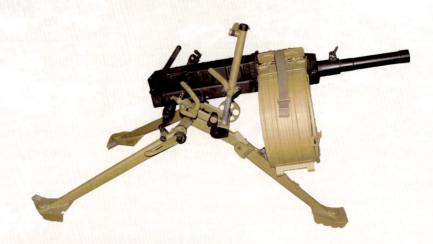

基本参数	
口径	30 毫米
全长	1165 毫米
枪管长	290 毫米
重量	16 千克
枪口初速	185 米/秒

AGS-30 榴弹发射器是苏联设计的 30 毫米自动榴弹发射器，由 AGS-17 榴弹发射器改进而来，发射 30×29 毫米无弹壳榴弹。

● 研发历史

AGS-30 榴弹发射器和 AGS-17 榴弹发射器一样是班用步兵支援武器，设计上是安装在三脚架上或安装在装甲战斗车辆上。AGS-30 榴弹发射器同样由图拉仪器设计局设计，研制工作始于 20 世纪 90 年代初，但直到 1999 年才开始批量生产。除俄罗斯外，亚美尼亚、阿塞拜疆、孟加拉国、印度和巴基斯坦等国家也有采用。

展览中的 AGS-30 榴弹发射器

武器构造

AGS-30榴弹发射器前方视角

AGS-30榴弹发射器的结构原理基本上是由AGS-17榴弹发射器改进而来,同样是后坐式枪机,可选择单发或连发。另外,弹药和弹链也与AGS-17榴弹发射器相同。不过,AGS-30榴弹发射器的握把安装在三脚架的摇架上,而不是发射器上,扳机则位于右侧握把上。标准瞄准是具有2.7倍放大倍率的PAG-17光学瞄准具和后备机械瞄具。新设计的轻巧三脚架能提供更宽广的射击角度。

作战性能

与AGS-17榴弹发射器相比,AGS-30榴弹发射器的重量几乎是前者的一半,所以AGS-30榴弹发射器只由一个人就可操控,也可一个人携带,在战斗中转移阵地更方便,部署在室内战斗时也更机动。减轻重量后的AGS-30榴弹发射器的火力、杀伤力和弹道性能与AGS-17榴弹发射器一样,还简化了操作和维修程序。

使用AGS-30榴弹发射器的俄罗斯海军步兵

No.60 俄罗斯 RG-6 榴弹发射器

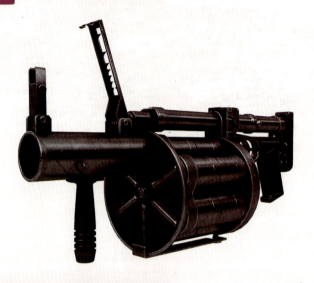

基本参数	
口径	40 毫米
全长	690 毫米
全宽	145 毫米
重量	6.2 千克
枪口初速	76 米/秒

RG-6 榴弹发射器是图拉仪器设计局生产的轻型双动操作六发肩射型榴弹发射器，发射 40 毫米无弹壳榴弹，1994 年开始服役。

●研发历史

RG-6 榴弹发射器的设计目的是针对车臣战争的经验，为战斗小分队在城市战斗中提供一种压制火力的步兵支援武器，填补下挂式榴弹发射器（GP-25）和自动榴弹发射器（AGS-17）之间的火力空白。1994 年，RG-6 榴弹发射器开始批量生产，最初装备俄罗斯陆军和内务部的特种部队及特遣队，之后也被其他部队广泛采用。

★ RG-6 榴弹发射器左侧视角

●武器构造

RG-6 榴弹发射器瞄准具特写

RG-6 榴弹发射器的设计原理参考的是南非连发式榴弹发射器（MGL），也是用卷簧驱动一个 6 发转轮弹仓。不同的是 RG-6 榴弹发射器使用俄罗斯的 40 毫米无弹壳榴弹，包括 VOG-25 榴弹和 VOG-25P 榴弹。在具体结构和操作方式上，RG-6 榴弹发射器和 MGL 也有着较大的区别。RG-6 榴弹发射器使用的是立式标尺机械瞄具，不使用时立式标尺和片状准星均可折叠。由于没有整合或装上瞄准镜导轨，因此不能装上光学瞄准镜。

●作战性能

整体来看，RG-6 榴弹发射器的设计比较粗糙，但胜在可靠和持久，而且容易拆卸清洗和润滑。RG-6 榴弹发射器可以迅速发射 6 发榴弹覆盖目标区域，尤其适合伏击行动，而重量和尺寸又比自动榴弹发射器要小，方便徒步携带。

RG-6 榴弹发射器弹仓特写

No.61 俄罗斯 GM-94 榴弹发射器

基本参数

基本参数	
口径	43 毫米
全长	810 毫米
重量	4.8 千克
枪口初速	85 米/秒
有效射程	300 米

GM-94 榴弹发射器是俄罗斯设计生产的一种泵动式操作的榴弹发射器，目前正被俄罗斯联邦安全局和俄罗斯内务部的特种部队所使用。

● 研发历史

20 世纪 90 年代，由于 VOG-25 和 VOG-25P 这两种榴弹都不能在城市战中提供足够的破坏效果，俄罗斯军队开始考虑换装新的榴弹发射器，并提出了以下要求：暴露的外部特征要少；可以在封闭空间内有效射击；机动性强；射速高；射击精度和密集度好。根据这些要

展览中的 GM-94 榴弹发射器

求，图拉仪器设计局根据"猞猁"霰弹枪的特点所设计出来的 GM-94 榴弹发射器脱颖而出。GM-94 榴弹发射器的设计目的是为了满足俄罗斯特种部队的战斗需求，它的作战目标是为了让射手在城市战之中可以发射高爆榴弹或者非致命性榴弹。

●武器构造

GM-94 榴弹发射器采用击针自动扳起式击发机构,只有手指扣动扳机时,击针簧才处于待击状态,这样就保证了武器在膛内有弹的情况下仍然可以安全携带。由于 GM-94 榴弹发射器采用泵动式设计,所以使用者通过向前推动发射管就可以完成重新装填,这种设计减小了武器本身的体积和重量,也减少了零部件和装配单位的数量。

★ GM-94 榴弹发射器及其弹药袋

●作战性能

目前,大多数国家军队及警察部队装备的单发手动榴弹发射器均采用 40 毫米口径,而 GM-94 榴弹发射器采用 43 毫米口径,火力更强。GM-94 榴弹发射器从下方抛壳,这一点对于在建筑物、交通工具中使用武器来说十分重要,甚至对于左手射手来说也很方便。GM-94 榴弹发射器的肩托折叠起来可作为携行时的提把,武器从行军状态转换到战斗状态只需一两秒钟。

GM-94 榴弹发射器实弹测试

No. 62 苏联/俄罗斯"混血儿"-M 导弹

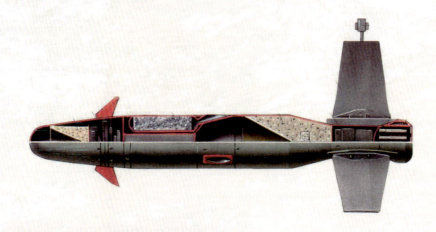

基本参数	
直径	130 毫米
全长	980 毫米
总重	13.8 千克
弹头重量	4.95 千克
最高速度	200 米/秒

"混血儿"-M 导弹是俄罗斯研制的便携式反坦克导弹,1992年开始服役,北约代号为AT-13"萨克斯"-2(Saxhorn-2)。

● 研发历史

1979年,苏联研制出"混血儿"-1(Metis-1)导弹(使用9M115导弹),用来强化基层部队的反坦克能力,其北约代号为AT-7"萨克斯"。1990年,又推出了"混血儿"-2反坦克导弹系统,改用尺寸较大的9M131型导弹,

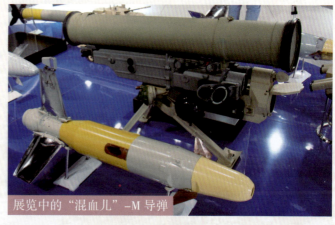

展览中的"混血儿"-M 导弹

增加了有效射程。1992年,图拉仪器设计局又在"混血儿"-2导弹基础上研发出适于城市作战的"混血儿"-M 导弹,1996年又根据车臣城市战的经验教训对它进行了改进。

●武器构造

"混血儿"-M 导弹采用了双级串联战斗部,火箭发动机中置,缩短了全弹长度。后期型号安装了红外夜视仪,增强了全天候作战能力。"混血儿"-M 导弹由两人小组运作,射手携带整体式可折叠发射架,副射手携带两枚备弹。必要时可以增加第三名成员,携带额外的两枚导弹。

"混血儿"-M 导弹前方视角

●作战性能

"混血儿"-M 导弹方便在城市作战中快速运动携带,攻击装甲目标击毁率高,具有多用途使用特点,成本低且利于大量生产装备。"混血儿"-M 导弹采用半自动指令瞄准线制导,作战反应时间为 8～10 秒。该导弹的攻击力来自两种战斗部:一种是改进型 9M131 导弹,采用重 4.6 千克的串联空心装药,可应对爆炸式反应装甲,在清除反应装甲后还能击穿 800～1000 毫米厚的主装甲;另一种是用于应对掩体及有生力量的空气炸弹,采用燃料空气炸药战斗部,可应对掩体目标、轻型装甲目标和有生力量。

正在操作"混血儿"-M 导弹的俄军士兵

No.63 英国"星光"导弹

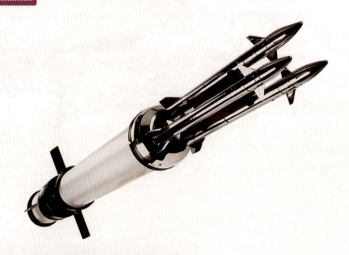

基本参数	
直径	130 毫米
全长	1397 毫米
总重	14 千克
弹头重量	0.9 千克
最高速度	1361 米/秒

"星光"(Starstreak)防空导弹是英国泰利斯公司于20世纪80年代设计的便携式防空导弹，1997年开始服役。

• 研发历史

"星光"导弹的研发工作始于20世纪80年代早期，1986年开始批量生产，1997年正式服役。"星光"导弹最初设计为一种单兵便携式快速反应的地对空导弹系统，用以替代"吹管"导弹和"标枪"导弹。泰利斯公司在此基础上又发展了三脚架式、

英军士兵在测试"星光"导弹

轻便车载式、装甲车载式以及舰载式等多种型号。截至2020年初,"星光"系列导弹仍然被英国常规部队和特种部队大量采用。

★"星光"导弹发射装置后方视角

•武器构造

"星光"导弹的弹体为圆柱体,弹体后部有"十"字形配置的矩形尾翼。该导弹的独特之处在于采用新型的三弹头设计,导弹前端的弹头由3枚"标枪"子弹头组成,每枚子弹头包括高速动能穿甲弹头和小型爆破战斗部。"星光"导弹发射时,先由第一级新型脉冲式发动机推出发射筒外,飞行300米后,二级火箭发动机启动,迅速将导弹加速到4马赫。在火箭发动机燃烧完毕后,环布在弹体前端的3枚子弹头分离,由激光制导。三者之间保持三角形固定队形,向共同的目标飞去。

•作战性能

"星光"导弹具有速度快、反应时间短、发射方式多样、单发杀伤概率高等特点。3枚"标枪"子弹头完全由操作人员通过激光驾束式导引系统来完成对目标的锁定和控制,同时扑向目标。这增强了对目标的识别能力、命中概率甚至杀伤力。该导弹系统的重量小于15千克,射程可达到7千米。由于导弹系统的重量较轻,发射系统架设起来非常容易,通常一两个人即可完成架设工作。

★ 车载"星光"导弹发射瞬间

No.64 法国"米兰"导弹

基本参数	
直径	115 毫米
全长	1200 毫米
总重	7.1 千克
弹头重量	2.7 千克
最高速度	200 米/秒

"米兰"(MILAN)导弹是法国和德国联合研制的轻型步兵反坦克导弹,20世纪70年代初开始服役。

● 研发历史

1963年,法国和德国政府签署协议,决定联合发展两种新型反坦克导弹——"米兰"(MILAN)和"霍特"(HOT),分别为"轻型步兵反坦克导弹"和"高亚音速、导管发射、光学跟踪、有线制导"的法文缩写的音译,前者主要用于陆军步兵反坦克作战以及地面车辆装载使用,后者主要用于直升机和地面车辆装载反坦克作战。基本型"米兰"1于1972年装备部队,此后又陆续诞生了"米兰"2、"米兰"2T和"米兰"3等改进型。除在法国和德国生产外,"米兰"导弹还在英国、印度和意大利等国家进行特许生产。

★ "米兰"反坦克导弹发射装置

第 4 章 火力支援武器

正在操作"米兰"导弹的两人小队

●武器构造

"米兰"导弹是一种预先包装好的全备弹,兵工厂交货时,即已进入待发状态,装于玻璃钢包装筒内。发射时,装入发射筒的后部。发射的瞬间,包装筒被吹向后方,发射筒即可再装进一发新弹。"米兰"导弹采用目视瞄准、红外线半自动跟踪、导线传输指令制导方式。作为有线导引导弹,使用"米兰"导弹的士兵要连续瞄准目标直至命中为止,其弹头采用高爆反坦克弹。

●作战性能

不同于机载和车载的"霍特"重型反坦克导弹,"米兰"导弹主要由步兵使用,射程约为"霍特"导弹的一半(2000米)。由于整个导弹系统的重量已经超过了单个步兵进行长途行军所能携带的负重量,所以通常都是导弹和发射装置分开携带。不过,"米兰"导弹在发射之前不需要再进行检查,装填程序非常便捷。当今的军事行动大多在街巷中进行,而"米兰"导弹的最小射程仅有 25 米,正是巷战的理想武器。

"米兰"导弹击毁目标时的巨大烟尘

No.65 德国 HK AG36 榴弹发射器

基本参数

基本参数	
口径	40 毫米
全长	350 毫米
全宽	280 毫米
重量	1.5 千克
枪口初速	76 米/秒

★ 肩射型 HK AG36 榴弹发射器

HK AG36 榴弹发射器是德国黑克勒·科赫公司于21世纪初设计生产的40毫米单发下挂式榴弹发射器，发射 40×46 毫米低速榴弹。

●研发历史

HK AG36 榴弹发射器是黑克勒·科赫公司为了参加美国陆军的增强型榴弹发射器模组（Enhanced Grenade Launcher Module，EGLM）项目而研制的下挂式榴弹发射器，为了推广这种新的榴弹发射器，黑克勒·科赫公司还增加枪托发展出可单独使用的型号。HK AG36 榴弹发射器已被德国国防军采用，取代 HK69A1 榴弹发射器。另外，HK AG36 榴弹发射器也会

★ 将 HK AG36 榴弹发射器装在 SA80 突击步枪上的英军士兵

成为德国未来士兵系统的一部分。除德国外，英国、法国、西班牙和土耳其等国家也有装备。

装在 HK G36 突击步枪上的 HK AG36 榴弹发射器

• 武器构造

　　HK AG36 榴弹发射器使用便利的双动式扳机，发射机座的两侧都装有手动式保险杆。HK AG36 榴弹发射器装有 MIL-STD-1913 战术导轨，可安装激光瞄准器或其他辅助瞄准器。如果要把 HK AG36 榴弹发射器由下挂式改装成为肩射型，只需要装上枪托组件即可。

• 作战性能

　　与美国 M203 榴弹发射器的设计相反，HK AG36 榴弹发射器的设计是横向式装填，并可以在必要时使用更长的弹药，因此使用起来比较灵活，几乎能够发射所有的 40×46 毫米低速榴弹。HK AG36 榴弹发射器原本设计下挂于 HK G36 突击步枪，但由于其模块化设计的关系，因此也很容易下挂于其他枪械，如 M16 突击步枪、M4A1 卡宾枪、HK416 突击步枪等。最重要的是，无论 HK AG36 榴弹发射器下挂于任何步枪，均不会影响步枪的射击精度及其操作系统。

HK AG36 榴弹发射器进行实弹测试

No.66 德国 HK GMG 榴弹发射器

基本参数	
口径	40 毫米
全长	1090 毫米
全宽	415 毫米
重量	28.8 千克
枪口初速	241 米/秒

HK GMG 榴弹发射器是德国黑克勒·科赫公司为德国国防军设计生产的 40 毫米自动榴弹发射器，发射 40×53 毫米榴弹。

●研发历史

1992 年，黑克勒·科赫公司开始研制新的全自动型榴弹发射器。1995 年，黑克勒·科赫公司生产了 4 具 HK GMG 榴弹发射器的试验型，当年 3 月交付德国国防军在德国北部的梅彭试验场进行测试。之后开始实用性试验，并在哈默贝尔格进行实弹射击。1997 年 7 月，HK GMG 榴弹发射器在亚利桑那州的沙漠地区试验场进行热带与沙漠地带可靠性试验，以争取美军的订购合同。2000 年，德国国防军正式选定改进后的 HK GMG 榴弹发射器作为制式武器，德国陆军特种部队比常规部队更早一步装备。

★ HK GMG 榴弹发射器右侧视角

● 武器构造

HK GMG 榴弹发射器采用反冲式后坐作用原理,发射 40×53 毫米高速榴弹,配用的榴弹用钢制弹链联结使用。机匣使用轻便的铝合金制造,减轻了整体重量。HK GMG 榴弹发射器的枪机、复进簧及导杆、扳机与扳机连杆组成枪机组件,每个部件都有着固定的方向,这种结构不仅便于不完全分解,还可防止分解后零件散落丢失。

HK GMG 榴弹发射器前方视角

● 作战性能

HK GMG 榴弹发射器可以轻易地在半自动射击和全自动射击之间切换,并可以利用机匣盖上的两条 MIL-STD-1913 战术导轨安装各种现有的瞄准具(包括光学瞄准镜、夜视镜和红外线),令其能够在各种情况下对大量和多种类型的敌方目标进行更精确、更大范围和远距离轰炸。

架设在装甲车上的 HK GMG 榴弹发射器

No. 67 以色列／新加坡／德国"斗牛士"反坦克火箭筒

基本参数	
口径	90 毫米
全长	1000 毫米
总重	11.5 千克
弹容量	1 发
初速	250 米／秒

"斗牛士"（MATADOR）火箭筒是以色列、德国、新加坡合作研制的便携式反坦克武器系统，发射 90 毫米火箭弹。

●研发历史

"斗牛士"反坦克火箭筒的研制工作始于 1999 年，最初是由新加坡共和国武装部队、国防科技局（DSTA）联同以色列拉斐尔先进防务系统公司共同研发，后来德国狄那米特·诺贝尔公司也加入了研发团队，并负责生产工作。"斗牛士"反坦克火箭筒于 2000 年开始服役，逐渐取代新加坡武装部队从 20 世纪 80 年代开始装备的德国"十字弓"火箭筒。除新加坡外，德国、以色列、英国、斯洛文尼亚和越南等国家都有装备。

★ 展览中的"斗牛士"反坦克火箭筒

武器构造

斯洛文尼亚士兵使用"斗牛士"反坦克火箭筒

"斗牛士"反坦克火箭筒是一种一次性使用的非制导武器,继承了"十字弓"火箭筒的许多优点,较长的前握把可以防止士兵在发射过程中错把手指放在发射筒口前方,从而避免了受伤的危险。利用折叠握把可以使武器闭锁,以防止意外射击。"斗牛士"反坦克火箭筒配有用于安装夜视装备的皮卡汀尼导轨,所选择的瞄准具放大率可以为士兵提供良好的视野,使士兵能够更准确地打击目标。士兵也可以把火箭筒架设在地面上,进一步提高射击精度。

作战性能

"斗牛士"反坦克火箭筒使用同时具有反战车高爆弹头和高爆黏着榴弹性能的两用弹头,分别可以破坏装甲和墙壁、碉堡以及其他防御工事。弹头选择是通过其"探针"型装置,延长"探针"型装置就会变成反战车高爆弹头模式,而缩短"探针"型装置就会变成高爆黏着榴弹模式。由于侵彻能力强,"斗牛士"反坦克火箭筒可以摧毁当今世界上大部分先进的装甲人员输送车和轻型坦克。

装备"斗牛士"反坦克火箭筒的以色列特种兵

No.68 以色列"长钉"SR导弹

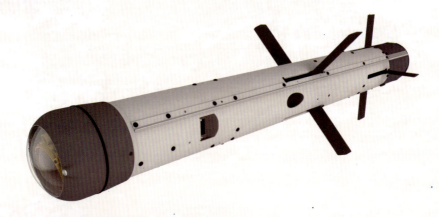

基本参数	
口径	130毫米
全长	1670毫米
总重	9.6千克
最小射程	50米
最大射程	1500米

"长钉"SR(Spike SR)反坦克导弹是以色列拉斐尔先进防务系统公司研制的便携式"发射后不管"反坦克导弹。

●研发历史

20世纪80年代,以色列提出了一项庞大的反坦克导弹发展计划,包括"哨兵""玛帕斯"和"弗莱姆"等多种型号,但大多都不成功。直到90年代末,拉斐尔先进防务系统公司在仔细研究美国BGM-71"陶"式和FGM-148"标枪"反坦克导弹的设计后,推出了"长钉"反坦克导弹,这

肩扛"长钉"SR导弹的士兵

种情况才有所改变。"长钉"导弹的主要型号包括"长钉"SR(短程型)、"长钉"MR(中程型)、"长钉"LR(远程型)、"长钉"ER(增程型)、"长钉"NLOS(非瞄准线型)。其中,"长钉"SR

导弹主要提供给步兵、特种部队和快速反应部队使用。1997年,"长钉"SR导弹秘密进入以色列国防军服役,并逐渐出口国外。

●武器构造

"长钉"SR导弹的弹体由导引头、前战斗部、飞行姿控发动机、电池组、主战斗部和主发动机组成。"长钉"SR导弹在气动外形上与"陶"式导弹颇有几分相似,都采用两组矩形弹翼。弹尾的弹翼主要用于飞行控制。弹体中部的弹翼平时呈折叠状态,发射后自动弹出。"长钉"SR导弹的发射装置由命令发射单元、热成像仪和三脚架组成。导弹平时密封在一个一次性发射筒内,使用时安装在发射装置上。

★ 背负"长钉"SR导弹的士兵

●作战性能

"长钉"SR导弹是一种低成本、"发射后不管"的便携式反坦克导弹系统,不仅用于攻击装甲目标,还可攻击掩体、混凝土工事等多种目标。使用者在做好战斗准备后首先利用目标探测系统捕获目标,随后将目标数据输入导弹使其锁定目标,导弹即可发射。使用者随后就可离开发射阵地,隐蔽或准备发射另一发导弹。再装填时间不超过15秒。"长钉"SR导弹的有效射程为50~800米,主要用于弥补单兵反坦克火箭和中程反坦克导弹之间的火力空白。

★ "长钉"SR导弹进行实弹测试

No.69 瑞典 AT-4 反坦克火箭筒

基本参数

口径	84 毫米
全长	1016 毫米
总重	6.7 千克
初速	285 米/秒
有效射程	300 米

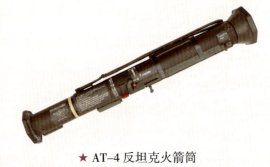

★ AT-4 反坦克火箭筒

AT-4 反坦克火箭筒是瑞典萨博·博福斯动力公司生产的一种单发式单兵反坦克武器,不仅被瑞典陆军选为制式武器,还被包括美国、英国、法国在内的多个国家采用。

• **研发历史**

20 世纪 70 年代末,瑞典军方为了替换老式的 60 毫米火箭筒,开始了 AT-4 反坦克火箭筒的研究计划。AT-4 反坦克火箭筒由瑞典佛伦内德制造厂(现萨博·博福斯动力公司)设计,在瑞典军方还没有决定正式采用时,它就参加了美

美国陆军"三角洲"特种部队士兵使用 AT-4 反坦克火箭筒

国陆军在1983年举行的步兵反坦克火箭的竞标，并击败众多对手，成为最后的赢家。1985年9月，美国陆军正式决定订购27万具AT-4反坦克火箭筒，以取代之前装备的M72 LAW反坦克火箭筒。有了这次成功的竞标，AT-4反坦克火箭筒名声大振。之后，美国阿利安特技术设备公司获得了特许生产权。

德国国防军士兵试射AT-4反坦克火箭筒

●武器构造

AT-4反坦克火箭筒是一种无后坐力武器，其炮弹向前推进的惯性与炮管后方喷出的推进气体的能量达成平衡，因此这种武器几乎不会产生后坐力，可以使用其他单兵携带武器所不能使用、相对更大规格的炮弹。另外，因为炮管无须承受传统枪炮要承受的强大压力，因此可以设计成很轻。AT-4反坦克火箭筒是预装弹、射击后抛弃的一次性使用武器，主要部件包括发射筒、铝合金喷管、击发机构、简易机械瞄准具、肩托、背带和前后保护密封盖等。

●作战性能

AT-4反坦克火箭筒重量轻，携行方便；使用简单，操纵容易，使用者无须长时间培训；采用无坐力炮原理发射，发射特征不明显，射击位置不易暴露。AT-4反坦克火箭筒配用空心装药破甲弹，其战斗部的主装药为奥克托金（HMX），破甲厚度为400毫米，破甲后能在车体内产生峰值高压、高热和大范围的杀伤破片，并伴有致盲性强光和燃烧作用。引信的脱机雷管安全装置，可防止意外起爆。

AT-4反坦克火箭筒发射时的巨大后焰

No.70 瑞典/英国 MBT LAW 反坦克导弹

基本参数	
直径	150 毫米
全长	1016 毫米
总重	12.5 千克
弹头重量	3.6 千克
最高速度	144 千米/小时

MBT LAW（Main Battle Tank and Light Anti-tank Weapon）是瑞典和英国联合设计生产的短程"射后不理"反坦克导弹。

●研发历史

MBT LAW反坦克导弹在21世纪初由瑞典萨伯博福斯动力公司和英国泰利斯公司联合研发。为减少研制时间和经费，MBT LAW选用了"比尔"2反坦克导弹的双高爆反坦克战斗部，以及具有"软发射"能力的AT-4反坦克火箭筒的发射系统。MBT LAW于2009年进入英国陆军服役，并被重新命名为"次世代轻型反坦克武器"（Next-generation Light Anti-tank Weapon，NLAW）。在瑞典国防军服役的MBT LAW被命名为Robot 57，芬兰则将其命名为102 RSLPSTOHJ NLAW。

★ 装备MBT LAW反坦克导弹的士兵

● 武器构造

MBT LAW 反坦克导弹在设计上是为了给步兵提供一种肩射、一次性使用的反坦克武器,发射一次以后需要将其抛弃。MBT LAW 采用了液体平衡软发射技术,它的后抛配重液体射程较近(约3米),从而可以在比较狭小的空间内使用,而不用担心后抛物体伤害使用者。MBT LAW 发射时,火箭首先以低功率的点火从发射器里发射出去,

★ 使用 MBT LAW 反坦克导弹的英军特种兵

在火箭经过几米的行程直到飞行模式以后,其主火箭就会立即点火,开始推动导弹,直到命中目标为止。

● 作战性能

MBT LAW 采用锥形装药,弹头为上空飞行攻顶/直接模式混合,最小有效射程为 20 米,最大有效射程为 600 米,最大射程为 1000 米。在建筑物密集区作战时,MBT LAW 甚至可以从建筑物窗户向街道对面的目标射击。MBT LAW 采用了预测瞄准线的制导方式,可以利用多种精密电子仪器,根据目标的行驶速度、当时的风速等外在条件,提前计算好目标的下一步可能到达位置,从而实施瞄准、准确打击。

★ 肩扛 MBT LAW 反坦克导弹的士兵

No.71 瑞士 GL-06 榴弹发射器

基本参数	
口径	40 毫米
全长	590 毫米
枪管长	280 毫米
重量	2.05 千克
初速	85 米/秒

GL-06 榴弹发射器是瑞士布鲁加·托梅公司于 2008 年设计生产的肩射型榴弹发射器，发射 40×46 毫米低速榴弹。

●研发历史

21 世纪以来，一些欧洲国家为提升执法机关维持公共秩序的能力，对非致命性的特殊防暴榴弹武器系统的需求越来越强烈。此时，新一代榴弹武器系统正朝轻型化、大口径且能发射各种非致命性弹药的方向发展。同时，还具有较高精度，特别是在对峙

展览中的 GL-06 榴弹发射器

期间可以轻易、准确地针对人体弱点瞄准及射击。2008 年，瑞士布鲁加·托梅公司设计生产了 GL-06 榴弹发射器，可发射致命性弹药的 40 毫米低速榴弹，也可发射 40 毫米非致命性弹药。除瑞典本国军队使用外，还成功出口到其他国家的军警单位，如法国宪兵特勤队和冰岛警察。

第 4 章　火力支援武器

●武器构造

GL-06 榴弹发射器是一款独立使用的 40 毫米口径榴弹发射器，不能加挂到步枪上。之所以没有采用下挂式设计，与它的主要功能定位有关。它可以使用多种弹药，基本上只要符合 40×46 毫米规格的弹药均可使用。GL-06 榴弹发射器采用中折式装填结构，而非前推装填，很大程度上是出于

★ 枪托折叠后的 GL-06 榴弹发射器

对弹药兼容性的考虑。GL-06 榴弹发射器的枪管与机匣以钢材制成，而枪托、手枪握把等多个部件以强化塑料制成。所有操作部件均可左右手通用，增加了使用的灵活性。

●作战性能

GL-06 榴弹发射器能执行多重战术任务，当使用非致命性弹药时，它能有效地完成骚乱人群控制和治安任务。而当装填高爆弹药时，它又是一款可靠的地面战术支援武器。装填弹药时，要以枪管前端为轴心，并且把枪管向上抬起以装填弹药。机匣内部装上的击锤具有自动回到待击模式功能，只要扣下双动操作扳机就可以射击。

GL-06 榴弹发射器及其弹药

No.72 南非连发式榴弹发射器

基本参数	
口径	40 毫米
全长	812 毫米
枪管长	300 毫米
重量	5.3 千克
初速	76 米/秒

连发式榴弹发射器（MGL）是南非米尔科姆有限公司生产的轻型双动操作肩射型榴弹发射器，主要发射 40×46 毫米低速榴弹。

● 研发历史

1981 年，南非米尔科姆有限公司对南非国防军展示了 MGL 的基本设计概念。MGL 的操作原理立即就被接受，随即全面展开研发工作。1983 年，MGL 正式在南非国防军中服役，并且被命名为 Y2。此后，MGL 逐渐地被数十个国家的军队和执法机关所采用，从 1983 年至今

★ 连发式榴弹发射器及其弹药

的总产量已超过 50000 支。MGL 有多种衍生型，如 MGL Mk 1、MGL Mk 1S、MGL Mk 1L、MGL-140 等，而美国海军陆战队装备的 M32 MGL 就是在 MGL-140 基础上改进而来的。

第 4 章　火力支援武器

●武器构造

MGL 采用转轮式结构，6 发榴弹装在一个旋转弹仓中，但与传统左轮手枪的原理不同，MGL 并不是通过与击发机构联动的装置来转动转仓，装有 6 发 40 毫米榴弹的弹仓又大又重，很难通过击发机构来联动。因此，MGL 采用"上发条"（卷簧）的方式来解决这个问题。美国海军陆战队装备的 M32 MGL 配备

★ 装备 M32 MGL 的美国海军陆战队士兵

了 M2A1 反射式瞄准镜，并具有 MIL-STD-1913 战术导轨以安装战术配件。

●作战性能

MGL 的设计简单、坚固，而且可靠。它采用了久经考验的左轮手枪的设计，实现高精确率的射击，并且可以迅速地发射，以迅速达到对目标猛烈轰炸的火力。与其他 40 毫米榴弹发射器相比，MGL 有 6 发弹容量，能在 3 秒内全部发射，因此在伏击或快速通过城市的战斗中相当有用。虽然 MGL 的主要用途是发射高爆榴弹以协助进攻和防御，但也可以装备适当的弹药以便在防暴用途和维和行动中发射以防止伤亡。

M32 MGL 旋转弹仓特写

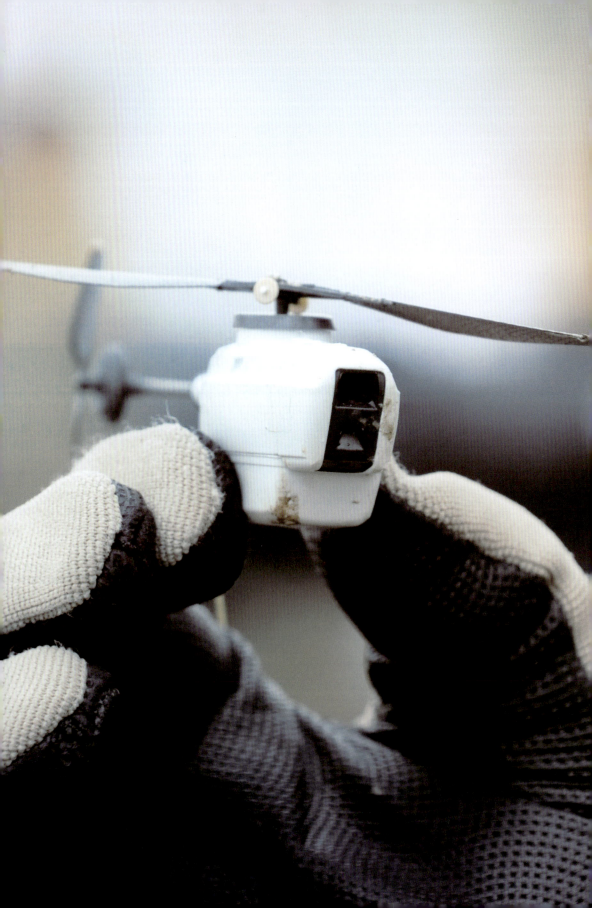

第 5 章
特殊武器

特种作战与常规作战存在较大的区别，为了更好地执行作战任务，特种部队需要配备一些常规部队很少使用的特殊武器，例如刀具、水下枪械和无人机等。

No.73 美国卡巴刀

基本参数	
全长	301.6 毫米
刀刃长	180 毫米
刀刃厚	4 毫米
重量	320 克
刀刃材质	1095 高碳钢

卡巴刀（KA-BAR Knife）是由美国卡巴刀具公司设计制造的多用途战斗刀，风格接近博伊刀（美国边境英雄吉姆·博伊所发明的刀具，设计极具搏斗性和攻击性）。

• 研发历史

1942年，卡巴刀具公司为美国海军陆战队提供了第一批刀具，称为1219C2战斗刀（1219C2 Combat Knife）。1945年，美国海军陆战队将其命名为"美国海军陆战队格斗及多用途刀"（USMC Fighting/Utility Knife），列为基本配备。此后，美军其他战斗部队也跟随引进卡巴刀。因为需求量太大，卡巴刀具公司授权其他公司生产类似的刀具，但它仍然被称为卡巴刀，二战期间，卡巴刀的总产量超过100万把。二战后至今，卡巴刀仍是美军装备的重要刀具。

★ 装入刀鞘的卡巴刀

第 5 章　特殊武器

●武器构造

卡巴刀及其包装盒

卡巴刀的刀身使用1095高碳钢制造，性能比较优秀，足以承受大部分的使用方式。卡巴刀设有血槽，握柄由纯牛皮压制而成，防水性佳，且具有相当程度的防滑性，还进行了防霉处理。握柄底端为一个圆滑的铁环，除可避免钩到或刮破衣服外，还常被当作铁锤使用。

●作战性能

卡巴刀是世界上极具代表性的军刀之一，制作一把高质量的卡巴刀需要富有经验与天赋的手工艺师进行数十道具有技巧性的操作。二战至今，卡巴刀在潮湿、寒冷、酷热、沙尘等恶劣环境下的出色表现，证明了它无与伦比的实用性能。卡巴刀坚固耐用，其刀刃不仅锋利坚固，还利于放血刺杀。

美军特种兵在伊拉克战场上使用卡巴刀

No.74 美国 OKC-3S 刺刀

基本参数	
全长	330 毫米
刀刃长	200 毫米
刀刃厚	5 毫米
锯齿长	44.5 毫米
重量	570 克

OKC-3S 刺刀是美国海军陆战队在 21 世纪初正式采用、用于取代 M7 刺刀及作为 M16/M4 枪族的制式配备的一种多用途刺刀。

● 研发历史

21 世纪初，时任美国海军陆战队司令的詹姆斯·琼斯上将为了让海军陆战队增强肉搏战能力，制订了一系列严苛的训练计划，包括武术和白刃格斗。与此同时，海军陆战队还决定装备一种新的刺刀，取代老旧的 M7 刺刀。2002 年 12 月，海军陆战队开始对 30 余种不同的刀具进行评估。在测试中，安大略刀具公司的 OKC-3S 刺刀表现最佳，最终被选中。2003 年，OKC-3S 刺刀开始批量生产。

★ OKC-3S 刺刀及其刀鞘

●武器构造

OKC-3S 刺刀具有与美国海军陆战队标志性的卡巴刀相似的外观,但没有血槽,刀身由额定值为 53~58 HRC 的高碳钢所制造。刀鞘和握柄是彩色的,以配合美国海军陆战队的狼棕色设备,兼容林地和沙漠两地的迷彩。握柄由合成防滑材料制造,具有符合人体工程学的开槽。握柄设有美国海军陆战队标志的浮雕,让使用者在黑暗中识别出刀刃的方向。

★ OKC-3S 刀鞘特写

●作战性能

OKC-3S 刺刀比美军的 M7 刺刀和 M9 刺刀更大、更厚和更重,能够刺穿现代军队中的多种防弹衣。在零下 32~57 摄氏度的环境中,OKC-3S 刺刀都能够正常使用,不会轻易破损。握柄的设计有助于使用者在训练时防止重复性紧张损伤和手部疲劳。

美国海军陆战队士兵在步枪上安装 OKC-3S 刺刀

No. 75 美国 BNSS 求生刀

基本参数	
全长	300 毫米
刀刃长	178 毫米
刀刃厚	6 毫米
重量	560 克
刀刃材质	440C 钢

BNSS 求生刀是美国挺进者刀具公司为特种部队研制的求生刀，美国海军"海豹"突击队、美国陆军"绿色贝雷帽"特种部队和英国陆军特别空勤团等特种部队均有采用。

• 研发历史

挺进者刀具公司本是一家私人经营的小公司，致力于设计和制造恶劣条件下使用的生存刀具。公司的创办人之一杜恩·维尔拥有丰富的军事履历，曾在美国"海豹"突击队、英国海军部队、英国空军特种部队、以色列国防部队和法国外籍兵团等军事单位受训和任职，他设

BNSS 求生刀护手部位特写

计的刀具从实战出发,非常适合特种部队使用。挺进者刀具公司早期的产品有 Strider BT 工具刀和 Strider MT 格斗刀等,此后挺进者刀具公司开始尝试在格斗刀和工具刀之间寻求平衡点,最终诞生了 BNSS 求生刀。

●武器构造

BNSS 求生刀粗犷的外形和带有美式强悍风格的几何刀头是其给人留下的第一印象,可以视为一把格斗版的工具刀。刀身以 S30V 钢材制造,在制作过程中,经过独特的淬火处理,包括超高温处理、零下温度淬火以及增加韧性的特有回火流程。BNSS 求生刀的标准刀柄为外加缠绳,缠绳的材料有多种。由于主要是用于军事用途,所以 BNSS 求生刀并不注重舒适度。

★ BNSS 求生刀刀身特写

●作战性能

BNSS 求生刀使用的 S30V 钢材是一种高铬、高碳、高钼、低杂质的不锈钢,具有很高的硬度和韧性。刀身进行过表面氧化处理,非常坚固耐用,不需要刻意保养。缠有纤维尼龙绳的刀柄即便浸了油也能握得很紧,而且缠绳可在某些情况下派上重要用场。

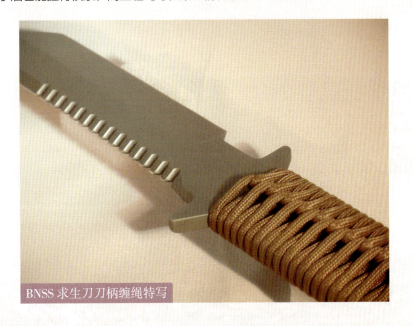

BNSS 求生刀刀柄缠绳特写

No.76 美国 MQ-1"捕食者"无人机

基本参数	
长度	8.22 米
高度	2.1 米
翼展	14.8 米
重量	512 千克
最高速度	217 千米/小时

MQ-1"捕食者"（MQ-1 Predator）无人机是通用原子技术公司研制的无人攻击机，1995 年开始装备美国空军。

●研发历史

1994 年 1 月，美国通用原子技术公司取得"先进概念技术验证机"计划的研制合同。1994 年 7 月，原型机成功进行首次试飞。1995 年初，被命名为 RQ-1 的新型无人机进入美国空军服役。2001 年，RQ-1 无人机携带 AGM-114"地狱火"导弹和 FIM-92"刺针"导弹

★ "捕食者"无人机在高空飞行

试飞成功，装备了武器的"捕食者"无人机被重新命名为 MQ-1。自服役以来，"捕食者"无人机参加过阿富汗、波斯尼亚、塞尔维亚、伊拉克、也门和利比亚的战斗。

●武器构造

"捕食者"无人机采用低置直翼、推进式螺旋桨和倒V形垂尾，起落架为可收放式三点起落架，上部机身前方呈球茎状，传感器炮塔位于机头下方。"捕食者"无人机有两个挂架，可携带2枚AGM-114"地狱火"导弹或FIM-92"刺针"导弹。

★ "捕食者"无人机降落在灌木丛

●作战性能

"捕食者"无人机可在粗略准备的地面上起飞升空，起降距离约670米，起飞过程由遥控飞行员进行视距内控制。在回收方面，"捕食者"无人机可以采用软式着陆和降落伞紧急回收两种方式。"捕食者"无人机可以在目标上空逗留24小时，对目标进行充分的监视，最大续航时间高达60小时。该机的侦察设备在4000米高处的分辨率为0.3米，对目标定位精度达到极为精确的0.25米。

"捕食者"无人机起飞

No.77 美国 MQ-9 "收割者" 无人机

基本参数	
机身长度	11 米
机身高度	3.8 米
翼展	20 米
空重	2223 千克
最高速度	482 千米/小时

MQ-9 "收割者"（MQ-9 Reaper）无人机是通用原子技术公司研发的无人攻击机，可为特种部队提供近距空中支援，也可以在危险地区执行持久监视和侦察任务。

●研发历史

1994年1月，美国通用原子技术公司获得了美国空军"中高度远程'捕食者'无人机"计划的合同。在竞争中击败诺斯洛普·格鲁曼公司后，通用原子技术公司于2002年12月正式收到美国空军的订

"收割者"无人机降落

单，制造2架"捕食者"B型无人机，之后正式命名为MQ-9"收割者"无人机。截至2020年初，美国空军已经装备了超过160架"收割者"无人机。

• 武器构造

"收割者"无人机装备有先进的红外设备、电子光学设备以及微光电视和合成孔径雷达。每架"收割者"无人机都配备一名飞行员和一名传感器操作员,他们在地面控制站内实现对"收割者"无人机的作战操控。

"收割者"无人机在高空飞行

• 作战性能

"收割者"无人机拥有不俗的对地攻击能力,并拥有卓越的续航能力,可在战区上空停留数小时之久。此外,"收割者"无人机还可以为空中作战中心和地面部队收集战区情报,对战场进行监控,并根据实际情况开火。相比"捕食者"无人机,"收割者"无人机的动力更强,飞行速度可达"捕食者"无人机的3倍,而且拥有更大的载弹量,装备6个武器挂架,可搭载"地狱火"导弹和500磅(227千克)炸弹等武器。

"收割者"无人机左侧视角

No.78 苏联/俄罗斯 AKM 刺刀

基本参数

全长	290 毫米
刀刃长	163 毫米
刀刃厚	3 毫米
刀身宽	29 毫米
重量	450 克

AKM 刺刀是苏联 AK-47 刺刀的改进型,也是世界上最早的多功能刺刀。这种刺刀现在也装在 AK-74 突击步枪和 SVD 狙击步枪上,刀柄和外形略有改进。

● 研发历史

1959 年,苏联开始生产 AK-47 突击步枪的改进型 AKM 突击步枪时,根据战时士兵对刀具既要作为工具又要作为刺刀的要求,设计出了 AKM 刺刀。该刀"刀+鞘=剪"的结构深深影响了以后各国多用途刺刀的设计,著名的德国 KCB 77 刺刀和美国 M9 刺刀都受到 AKM 刺刀设计的启发。目前,AKM 刺刀已经发展了三代,即 AKM1、AKM2 和 AKM3,其中 AKM3 于 1984 年开始装备部队。

AKM1 刺刀

第 5 章 特殊武器

●武器构造

AKM2 刺刀

AKM 刺刀的刀身采用耐磨损高硬度工具钢经过精细加工和磨削制成，单刃，没有血槽，刀口较钝。刀背有锯齿，可锯割金属材料。刀身表面镀铬，白色反光。刺刀的横挡护手上有枪口环，刀柄端部有一个按钮，用于与枪连接。刀柄夹板的材料为紫色玻璃钢。AKM 刺刀的刀鞘也用玻璃钢制造。刀鞘前部金属镶件上有一个 T 形驻笋和剪切刃。将驻笋穿入刀身上的长孔，刺刀和刀鞘就可作剪丝钳使用。由于刀鞘和刀柄均绝缘，可用于剪断电压较高的电线而无电击的危险。

●作战性能

AKM 刺刀无论在设计、结构还是在实用性能上都比较成功。这种刺刀最大的特点是挂在 AK 步枪上之后刀刃全部向上，所以当刺刀刺入人体后，使用者一般都会做一个向上挑刺的动作，瞬间将敌人伤口最大化，威慑力和杀伤力堪称一绝。AKM 刺刀随着大量的 AK 步枪流落到世界各个战场，并且影响了之后美国的 M9 多功能刺刀。

AKM2 刺刀及其刀鞘

No.79 苏联／俄罗斯 NRS-2 求生刀

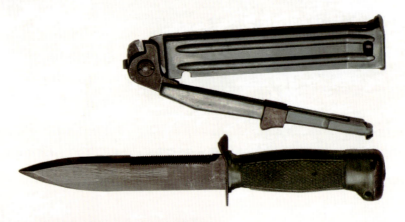

基本参数	
全长	290 毫米
刀刃长	162 毫米
刀身重	350 克
刀鞘重	270 克
有效射程	25 米

NRS-2 求生刀是图拉兵工厂于 20 世纪 80 年代设计制造的求生刀，也可称作微声匕首枪，曾是苏联克格勃特工和特种部队手中的重要武器。

• 研发历史

20 世纪 50 年代，苏联中央精密机械科学技术研究所成功制造出 7.62×39 毫米 SP2 特种弹。这种弹药具有不错的消音效果，但仍存在一些不足之处。为了弥补这些不足，1966 年又进一步改进研制出了 SP3 特种弹。同时，配用 SP3 特种弹的微声手枪也被研制出

使用 NRS-2 求生刀的俄罗斯特种兵

来，并交付克格勃特工和特种部队使用。紧接着，克格勃和苏联国防部向图拉兵工厂提出了研制微声匕首枪的需求，其结果就是 NRS 求生刀。之后，图拉兵工厂又研制了威力更大的 SP4 特

种弹,并在 NRS 的基础上研制出 NRS-2 求生刀,1986 年开始列装,同时列装的还有外形结构与其类似的 NR-2 普通匕首。

● 武器构造

NRS-2 求生刀与 NR-2 普通匕首的外形相似。简单来说,NRS-2 求生刀就是 NR-2 普通匕首的刀柄里面塞了一套完整的发射机构,与刀柄结合的部分可以看作是机匣和扳机组件;通过对称凸笋闭锁的枪管为独立部件,可以取下装弹/退壳,枪口除了锁定机构外还集成了橡胶保护盖。枪口位于匕首刀柄的尾部。反过来握住刀柄,扣压刀柄中的扳机就能发射子弹。横挡护手上的一个缺口充当简化的瞄准装置。滑动的保险装置可以防止意外走火。

★ NRS-2 求生刀射击装置枪口特写

● 作战性能

NRS-2 求生刀的刀鞘采用绝缘材料制作,刀鞘前部带剪线钳和一字改锥,剪切带电导线时可以在 380 伏电压的环境下保持绝缘,剪线钳能剪断 2.5 毫米的钢丝和 5 毫米左右的电话线,使用者无须携带专用工具即可完成简单的工程任务。NRS-2 求生刀可以装入 1 发 7.62×42 毫米的 SP-4 特制受限活塞子弹(俄罗斯 PSS 微声手枪使用的子弹),发射时的声音很小。不过,NRS-2 求生刀的实际作用让人质疑,为了正确射击,刀尖必须朝向射击者的喉咙,这无疑是一个非常危险的动作。

★ NRS-2 求生刀射击装置使用示范

No.80 苏联/俄罗斯 SPP-1 水下手枪

基本参数	
口径	4.5 毫米
全长	244 毫米
全高	136 毫米
重量	1.03 千克
弹容量	4 发

SPP-1水下手枪是苏联于20世纪60年代后期研制的,SPP是"特种水下手枪"(Spetsialnyj Podvodnyj Pistolet)的缩写。

●研发历史

由战斗蛙人进行水下袭击是一种隐蔽而有效的特种作战方式,为了应对战斗蛙人,通常的做法是训练特殊的反蛙人海豚或用蛙人来进行反蛙人作战,无论是作为攻击一方还是防守一方的蛙人,他们传统的自卫武器都是潜水刀和梭镖枪。梭镖枪的缺点是体积较大,携带不

SPP-1水下手枪左侧特写

方便,而且一次只能打一发,装填速度慢。为了在与敌方战斗蛙人对阵时有更大的战术优势,苏联海军在20世纪60年代后期要求中央精密机械研究所研制专门的水下手枪,该枪被命名为SPP-1,于1971年开始装备苏联海军的战斗蛙人部队。后来SPP-1经过改进,重新定型为

SPP-1M。目前，SPP-1M 仍然被俄罗斯海军特种部队采用，并出口到其他国家。

SPP-1 水下手枪右侧特写

● 武器构造

　　SPP-1 水下手枪是一种手动操作的四管手枪，从枪管尾部装填弹药，枪管内没有膛线。双动击发机构采用一个旋转击针，每次扣动扳机时击针向后进入待发位置，同时击针座会旋转 90 度对准下一个未发射的枪管位置。SPP-1M 基本上与 SPP-1 相同，主要的改进有两个方面：一是在扳机拉杆上增加了一个弹簧以改善扳机扣力；二是扳机护圈增大以适应较厚的潜水手套。一套完整的 SPP-1/SPP-1M 装备包括 1 把手枪、10 个弹盒（各装有 4 发集束弹）、1 个枪套和 1 根专用背带。

● 作战性能

　　SPP-1/SPP-1M 水下手枪主要用于杀伤水下的近距离有生目标，也可杀伤陆地近距离有生目标。为冲破水中阻力，SPP-1/SPP-1M 水下手枪配有专用的 SPS 水下枪弹。这种箭形弹的弹尖顶端是平的，它通过滑膛枪管发射，依靠流体力学效应来稳定，而由于发射药的爆发力比压缩空气强，因此 SPP-1/SPP-1M 水下手枪在水底的有效射程和穿透力比以往潜水员使用的梭镖更强。在其有效射程内可轻易地穿透保暖潜水衣或 5 毫米厚的塑料面罩后对潜水员造成严重创伤。不过这种箭形弹在空气中飞行不太稳定，因此在水面上使用时有效射程很有限，通常只能应急时使用。

★ SPP-1 水下手枪弹巢部位特写

No.81 英国费尔班-塞克斯格斗匕首

基本参数	
全长	290 毫米
刀刃长	180 毫米
刀刃厚	3 毫米
刀身宽	18 毫米
重量	240.9 克

费尔班-塞克斯格斗匕首（Fairbairn-Sykes fighting knife）由英国设计制造，其名声不逊于同时期大名鼎鼎的美国卡巴刀。

●研发历史

费尔班-塞克斯格斗匕首的设计者之一是西方公认的现代军用格斗术先驱费尔班，二战爆发前，他一直在中国上海担任近距离格斗技术教练，另一位设计者塞克斯是他的搭档。费尔班-塞克斯格斗匕首于1941年设计，鉴于它在近距离格斗方面极佳的表现，这款匕首被列为英国突击队的标准装备，并很快风行一时，包括英国突击队、英国特别空勤团（SAS）、英国特别行动委员会（SOE）、美国战略情报局（美国中央情报局的前身）、美国"游骑兵"特种部队在内的多

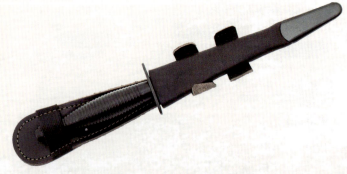

★ 收入鞘中的费尔班-塞克斯格斗匕首

支特种部队和间谍机构都曾装备。时至今日，仍有不少特种部队装备费尔班-塞克斯格斗匕首。

● 武器构造

费尔班-塞克斯格斗匕首有三种不同型号，在刀身长度、护手和刀柄的细节方面略有不同，但基本特征是相同的：刀身轻薄狭窄，两侧开刃，刀身截面略呈钻石形。刀柄较重，有助于增加直刺的威力。花瓶状握把让它适于抓握，在战斗中也不易脱手。

费尔班-塞克斯格斗匕首与贝雷帽尺寸对比

● 作战性能

费尔班-塞克斯格斗匕首的设计重心在于应对突发的攻击与战斗，尖细的刀形能够将直刺的力量最大限度地集中在刀尖，针形的刀尖锐利异常，不用花费多大力气就可以轻易地穿透衣服和肌肤，刺入敌人体内深处的内脏要害。锋利的刀刃可以干净利落地削断敌人的血管，或者割断敌人的咽喉。

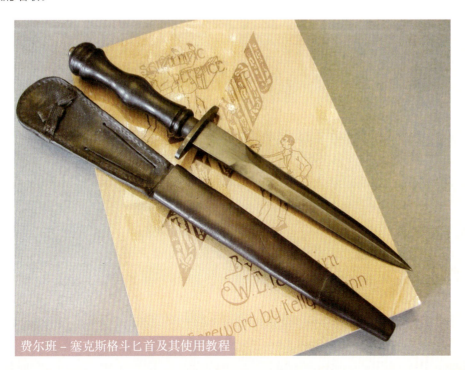

费尔班-塞克斯格斗匕首及其使用教程

No.82 德国 KCB 77 刺刀

基本参数	
全长	302 毫米
刀刃长	176 毫米
刀刃厚	3.6 毫米
刀身宽	20 毫米
重量	300 克

KCB 77 刺刀是德国艾克霍恩·索林根公司设计制造的多功能刺刀，是世界上知名度较高的刺刀之一，被世界各国多支特种部队采用。

● 研发历史

KCB 77 刺刀是德国艾克霍恩·索林根公司于 20 世纪 80 年代研制的军用刺刀，曾参加 1986 年美国军用刺刀选型。艾克霍恩·索林根公司设计 KCB 77 刺刀的目的在于：使军用匕首和刺刀除了具有切割及拼刺功能外，还有更广泛的使用范围，如在野外环境中当作榔头、撬棍、地雷探针使用，或在国内治安行动中装在枪口上防止示威者从士兵手中夺枪。KCB 77 刺刀装备部队后，艾克霍恩·索林根公司仍继续对其进行改进。

★ KCB 77 刺刀及其刀鞘

●武器构造

KCB 77 刀尖部位特写

KCB 77 刺刀采用开锋的无血槽猎刀型刀身，刀身进行了防霉处理，刀背有锯齿设计，刀柄采用绝缘材料，绝缘电压达到了 1000 伏。刀柄里装有电压测量器，其工作范围为 70～400 伏。为便于安全携带，配备有塑料刀鞘，刀鞘尾部的扁铁可作为磨刀石。刀鞘上有一个旋钮，操作者可以拧动旋钮以调整拉力，使刀鞘与刀柄防护套紧密接合在一起当警棍使用，这样在国内治安行动中装在步枪上就不会因刀鞘脱落使刀身暴露而产生危险。

●作战性能

KCB 77 刺刀是一种以多功能见长的利器，具有优秀的刺、锯、砍、挑等功能。KCB 77 刺刀可用于直刺攻击、劈砍攻击，可以配合多种招式。锋利的锯齿状设计的刀背，可以用来切割。刀身与刀鞘配合，可以作为剪线钳使用。握柄处的护手部位可以作为瓶盖起子。

KCB 77 刺刀作为剪线钳使用

No.83 德国 HK P11 水下手枪

基本参数	
口径	7.62 毫米
全长	200 毫米
枪管长	60 毫米
重量	1.2 千克
弹容量	5 发

HK P11 水下手枪是德国黑克勒·科赫公司于 20 世纪 70 年代为特种部队研制的水下无声手枪，1976 年正式装备使用。

● 研发历史

HK P11 水下手枪在问世前后一段较长的时间内，曾经是德国及相关国家的高级机密。该枪装配一种特制的箭形贫铀子弹，能在地面和水下使用，引起了西方国家海军特种部队较高的兴趣。从 20 世纪 70 年代中期开始，黑克勒·科赫公司共生产了数百支 HK P11 水下手枪，德国蛙人部队装备了 200 余支，其他的都出口到了盟国，包括美国、法国、英国、意大利、荷兰等。其中，美国特种部队装备了约 100 支 HK P11 水下手枪，大部分配发"海豹"突击队。

★ HK P11 水下手枪右侧视角

●武器构造

HK P11 水下手枪由两大主要部件构成：枪管和手柄。该枪共装配 5 支枪管，全部密封，通过枪栓旁可折叠转换装置安装在手柄托架上，子弹发射所需要的电能由装配在手柄中间的两组蓄电池提供。

HK P11 水下手枪操作示意

●作战性能

HK P11 水下手枪既能在水下使用，也能在地面使用，水下有效射程为 15 米，水上可达 50 米，特别适合从水下到海岸的秘密渗透行动。虽然 HK P11 水下手枪的水下射程相对不远，但可以通过特定的使用方式来弥补，蛙人通常在夜间视线不好、能见度较差的时候发起攻击，敌人不易察觉，很容易秘密接近到有效射程之内。HK P11 水下手枪也存在一些缺陷，其技术保障比较复杂，枪管再装填工作只能在黑克勒·科赫公司由专业人员进行，使用不够方便。

手持 HK P11 水下手枪的蛙人

No.84 奥地利格洛克刺刀

基本参数	
全长	290 毫米
刀刃长	165 毫米
刀刃厚	4.5 毫米
刀身宽	22 毫米
重量	206 克

格洛克刺刀（Glock knife）是奥地利格洛克公司设计制造的一种多用途刺刀，除奥地利本国采用外，还出口到美国、德国、印度、韩国、丹麦、马来西亚和波兰等国家。

• 研发历史

格洛克刺刀最早是应奥地利"猎人"特种部队的要求而研发的，可作为斯泰尔AUG突击步枪的刺刀使用。格洛克刺刀主要有FM78和FM81两种型号，FM78是

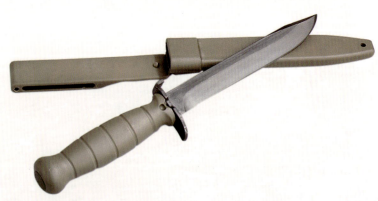

★ 格洛克刺刀FM78型及其刀鞘

典型的野战刀，FM81则是求生刀，两者的主要区别是FM78刀背上没有锯齿。奥地利武装部队、丹麦国防军、德国联邦警察第九国境守备队、马来西亚皇家警察特别行动指挥部、韩国第707特殊任务营、美国"海豹"突击队等单位主要使用FM78型，而波兰国家宪兵则两种型号都有使用。

● 武器构造

格洛克刺刀的刀片由弹簧钢、高碳钢制成，硬度可达 55HRC，表面经过磷化处理不会反光。护手可以伸展，并当作开瓶器使用。格洛克刺刀的刀柄非常简单，五条横向凹槽可以提高握持力。刀柄尾部有个挂绳孔，末端的插孔平时用一个插头封闭。必要时可以将刀插到木棍前段，充当临时的长矛。格洛克刺刀的护手上部有一个 90 度折角，用来顶住 AUG 突击步枪的消焰器，防止发生晃动干扰射击精度。这个折角还可以充当开瓶器，非常简单实用。

★ 格洛克刺刀 FM81 型与格洛克 22 手枪尺寸对比

● 作战性能

格洛克刺刀如此简单却获得巨大成功，一个重要原因就是它的平衡性非常好。奥地利陆军为 AUG 突击步枪选配刺刀时最重要的一个指标就是不能干扰射击，而格洛克刺刀完全满足这一要求，几乎没有竞争对手。格洛克刺刀能够完成很多艰苦的工作，在经受各种严酷考验后，依然能保持良好的性能。

黑色涂装的格洛克刺刀 FM78 型

No.85 挪威"黑色大黄蜂"无人机

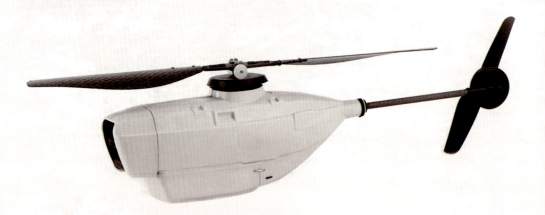

基本参数	
长度	0.1 米
高度	0.025 米
重量	0.016 千克
最高速度	18 千米/小时
续航时间	30 分钟

"黑色大黄蜂"(Black Hornet Nano)无人机是挪威普罗克斯动力公司设计制造的军用微型无人机,可用于搜救或军事侦察任务。

●研发历史

"黑色大黄蜂"无人机由挪威普罗克斯动力公司设计。2013年,英国曾将"黑色大黄蜂"无人机用于阿富汗战场,使其成为世界上最早实际用于军事行动的微型无人机。"黑色大黄蜂"无人机价值不菲,单价达到了4万美元。截至2020年初,"黑色大黄蜂"无人机已经被多个国家采用,包括挪威、美国、英国、德国、法国、西班牙、澳大利亚、荷兰、印度等。

★ "黑色大黄蜂"无人机起飞

●武器构造

"黑色大黄蜂"无人机的机身采用全新纳米材质,尺寸很小,重量也很轻,能够完全放置在人的手掌之中,或者放进口袋里。"黑色大黄蜂"无人机装有微型摄像机以及多个热成像摄影机,通常用于执行跟踪、监视任务,可以将拍摄到的画面即时传送到手持式控制终端机。

★"黑色大黄蜂"无人机特写

●作战性能

"黑色大黄蜂"无人机非常方便携带,可以在各种严酷环境(包括刮风的情况下)安全操作。在使用时,操控者只需轻轻地向空中投掷即可。这种强大的侦察无人机,在小型显示屏和单手操作控制器的支持下,拥有导航、录像、悬停拍摄等功能。"黑色大黄蜂"无人机主要依靠电池供电,飞行半径为 1.6 千米,能以最快 5 米 / 秒的速度运行 30 分钟左右,转弯非常灵活。而且它不惧风雨,最大能抵抗 12 米 / 秒的大风,甚至能执行夜间侦察的任务。

"黑色大黄蜂"无人机及其手持式控制终端机

No.86 瑞士军刀

基本参数	
全长	91 毫米
全宽	26 毫米
厚度	33 毫米
重量	185 克
功能数量	33 项

瑞士军刀（Swiss Army knife）又常称为瑞士刀或万用刀，是含有许多工具在一个刀身的折叠小刀，由于瑞士军方为士兵配备这类工具刀而得名。

● 研发历史

　　1891 年，瑞士人卡尔·埃尔森纳是最早制作瑞士军刀的人。当时的瑞士军刀有木制的手柄（目前多为塑胶和金属制），并仅有两种工具，分别是螺丝起子和开罐器。1897 年，卡尔·埃尔森纳发明了新的弹簧，瑞士军刀才开始能够装进比较多的工具。1909 年，卡尔·埃尔森纳开始在瑞士军刀的红色握把上刻白色十字盾牌来做商标，并以母亲维多利亚的名字来命名这个产品，创立了维氏公司。另一个常见

★ 收拢状态的瑞士军刀

的瑞士军刀品牌是同样创立于瑞士的威格公司，该公司也曾制造瑞士军刀供应瑞士军方，不过在 2005 年该公司被维氏公司收购，所以目前维氏公司是瑞士军方的唯一军刀供应商。除了维氏公司之外，还有众多的厂商生产类似的多用途工具刀，但是一般只有维氏公司和威格公司的产品才被认为是正宗的瑞士军刀。

●武器构造

瑞士军刀是利用黄铜铆钉将加工过的钢件、其他工具、分隔衬片和握柄贴片结合在一起。铆钉是由裁切并削尖成适当尺寸的固体黄铜棒制造的。工具之间的分隔衬片最初是用镍银制造而成的，自 1951 年以来便改由铝合金制造，主要是为了减轻刀具重量。

★ 打开状态的瑞士军刀

●作战性能

瑞士军刀有多种型号，包括瑞士冠军（Swiss Champ）、攀登者（Climber）、猎人（Huntsman）、工作冠军（Work Champ）、登山家（Mountaineer）等，各个型号的功能有一定的区别。一般来说，瑞士军刀的基本工具包括主刀片、较小的副刀片、镊子、圆珠笔、牙签、剪刀、平口刀、开罐器、螺丝起子等。要使用瑞士军刀的某个工具时，只要将它从刀身的折叠处拉出来即可。有些瑞士军刀具有锁定一到两样工具的结构，以避免工具在使用时无预警阖上。

★ 攀登者型号瑞士军刀

第 6 章
机动载具

机动快速是特种部队尤为重要的一项特征,而这种快速很大程度上来自于特种部队装备的各种载具,包括车辆、舰艇和飞行器等。它们不仅是特种部队快速部署的关键,也是特种部队的重要火力支援。

No.87 美国 L-ATV 装甲车

基本参数	
长度	6.25 米
宽度	2.5 米
高度	2.6 米
重量	6.4 吨
最大速度	110 千米/小时

L-ATV 装甲车是美国奥什科什卡车公司研制的新型四轮装甲车，为美军联合轻型战术车辆（Joint Light Tactical Vehicle，JLTV）计划的胜出者，2019年1月开始服役，计划逐步取代"悍马"装甲车。

• 研发历史

联合轻型战术车辆计划始于2005年，到2012年3月，英国宇航系统公司、通用动力公司、洛克希德·马丁公司、奥什科什卡车公司、美国汽车公司、纳威司达·萨拉托加公司等多家企业都提出了自己的JLTV方案。2012年8月，美国陆军和海军陆战队选定洛克希德·马丁公司、奥什科什卡车公司和美国汽车公司的提案进入

L-ATV 装甲车在沙漠中行驶

工程及制造发展阶段。在经过对比测试之后，美国陆军于 2015 年 8 月宣布由奥什科什卡车公司的 L-ATV 装甲车中标。美国陆军计划在 2040 年以前装备 5 万辆 L-ATV 装甲车，美国海军陆战队计划装备 5500 辆。

● 车体构造

L-ATV 装甲车基本分为 2 座车型和 4 座车型，与"悍马"装甲车相比，L-ATV 装甲车的配置更加先进。可装配更多的防护装甲，标准版车型拥有抗雷爆能力，配备了简易爆炸装置（IED）。必要时，L-ATV 装甲车还能搭载主动防御系统。L-ATV 装甲车采用电子调节的 TAK-4i 独立式悬挂系统，可在实战越野时装配 20 英寸（508 毫米）的轮胎，以获得更出色的脱困能力。

★ L-ATV 装甲车前方视角

● 作战性能

L-ATV 装甲车采用 6.6 升 866T 型涡轮增压柴油发动机，最大功率为 224 千瓦。即使 L-ATV 装甲车的重量超过"悍马"装甲车，但同样能达到 110 千米/小时的速度。L-ATV 装甲车不仅可抵御步枪子弹的直接射击，还能在地雷或简易爆炸装置的袭击下最大限度地降低乘员的伤亡。该车的车顶可以搭载各种小口径和中等口径的武器，包括重机枪、自动榴弹发射器、反坦克导弹等。此外，还可安装烟幕弹发射装置。与"悍马"装甲车一样，L-ATV 装甲车也可以通过直升机进行运输。

★ L-ATV 装甲车在河道上行驶

No.88 美国 Mk V 特种作战艇

基本参数	
标准排水量	57 吨
长度	25 米
宽度	2.25 米
吃水深度	1.5 米
最高速度	65 节

Mk V 特种作战艇（Mk V special operations craft）由美国海军特种作战司令部配备，1995 年 9 月开始服役，主要装备美国海军辖下的特种部队。

• 研发历史

1994 年，Mk V 特种作战艇在美国海军的选型试验中胜出，次年开始装备美国海军特种部队。Mk V 特种作战艇执行中等距离的特种部队渗透和撤离任务，并能在威胁相对较小的区域执行海岸巡逻和封锁任务。在执行任务时，该艇需要 5 名特战快艇运载员（Special Warfare Combatant-craft Crewman，SWCC）进行操作。

Mk V 特种作战艇右舷特写

船体构造

Mk V 特种作战艇采用铝质船体，可搭载 16 名全副武装的特种兵。艇上还带有 4 艘战斗突击橡皮艇。Mk V 特种作战艇可搭载的武器种类较多，包括 12.7 毫米 Mk 46 Mod 4 机枪、25 毫米"大毒蛇"机炮、40 毫米 Mk 19 榴弹发射器和"毒刺"导弹等。

Mk V 特种作战艇艏部特写

作战性能

Mk V 特种作战艇投入作战时以特遣组为单位。每个特遣组由 2 艘作战艇、2 架运输机、2 个五人艇员组、1 个八人维护保障组和 1 个配属的保障备件包组成。该包内装有由运输机载运的保障设备（包括备件、修理部件和一些消耗品等）。一个 Mk V 特遣组能在 48 小时内由 C-5 运输机运送至战区，并能在抵达后 24 小时内发起支援舰队或联合任务部队的特种作战。Mk V 特遣组也可由铁路和公路运输。一般来说，Mk V 特遣组执行的特种作战任务时间一般持续 12 小时，它可与沿海巡逻艇和硬质充气艇协同行动。这些舰艇可以从前沿基地出发，对目标实施外科手术式打击。

高速航行的 Mk V 特种作战艇

No.89 美国"短剑"高速隐形快艇

基本参数	
标准排水量	45 吨
长度	27 米
宽度	12 米
吃水深度	0.8 米
最高速度	51 节

"短剑"（Stiletto）快艇是美国海军设计建造的高速隐形快艇，编号为M80，2006年1月下水，主要装备美国海军特种部队用于近海作战试验。

●研发历史

"短剑"高速隐形快艇由M船舶公司（M Ship Company）建造，旨在对美国国防部的近海作战概念进行试验。2006年下水之后，美国海军远征作战司令部已经对无人系统、固态雷达、360度红外传感器、全动态视频系统以及指挥控制显示器进行了评估。作为专门输

"短剑"高速隐形快艇艏部视角

送特种兵的新概念装备，"短剑"高速隐形快艇可大大提高美军近海输送和作战能力。2013年2月，英国也使用"短剑"高速隐形快艇作为试验平台，对无人机系统设备和技术进行能力演示，

以提高小型舰艇作战时的态势感知能力。

• 船体构造

"短剑"高速隐形快艇的艇体使用碳纤维合成材料一次成型制造，整个生产过程中没有使用一枚钉子、铆钉，而且不用焊接，因此它的外表十分光滑。艇体采用隐身构造，并采用隐形材料制造船壳，除了综合桅杆裸露在外，舰桥和武器均融入艇体内部，不易被雷达发现。

"短剑"高速隐形快艇俯视图

• 作战性能

"短剑"高速隐形快艇允许空气和水从下面流过，从而减少风的阻力并产生上升力，最快速度可以达到51节。"短剑"高速隐形快艇的设计不但使其获得了高速，也使其航行过程中的稳定性更高，高速航行中的颠簸现象大大减轻，这使得乘坐的舒适度和安全性大大提高。驾驶"短剑"高速隐形快艇只需要3名船员，它一次能够运载12名全副武装的"海豹"突击队员和一艘长11米的特种作战刚性充气艇，还可以携带水下机器人，并能在艉部甲板起降一架小型无人机。

高速航行的"短剑"高速隐形快艇

No.90 美国河岸特战艇

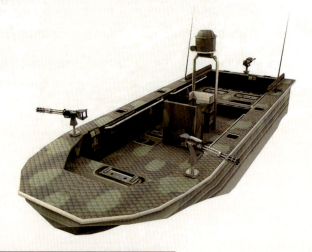

基本参数	
标准排水量	7.3 吨
长度	10 米
宽度	2.97 米
吃水深度	0.61 米
最高速度	40 节

河岸特战艇（Special Operations Craft -Riverine，SOC-R）是美国海事公司研制的特种作战艇，主要用于在河岸地带遂行渗透任务。

● 研发历史

近海沿岸与河流地带向来是各国的政治经济重心所在。21世纪后，跨国恐怖组织和犯罪集团的活跃，更使得在内河水域的特种作战成为军事强国重视的课题。不少国家都开发了专门用于沿岸与河流作战的特种作战快艇，美国海事公司为美国海军"海豹"突击队研制的河岸特战艇就是其中之一。

★ 河岸特战艇艏部视角

第 6 章 机动载具

● 船体构造

高速航行的河岸特战艇

河岸特战艇从设计之初就被要求兼有巡逻艇与输送艇的特性，它通过两台 440 马力（1 马力 =745.700 瓦，下同）的柴油发动机分别驱动两具高效能的喷水推进器。河岸特战艇的武器种类极为丰富，艇员可在位于艇身两侧与艇艉的 5 个支架上自由安装包括 M2 重机枪、M240/M249 轻机枪以及 Mk 19 榴弹发射器在内的各种武器。此外，导航雷达、GPS（全球定位系统）接收机、敌我识别器与大功率无线电等通信导航设备也一应俱全。

● 作战性能

为便于运输，河岸特战艇的外形尺寸经过精心设计，连同艇员、拖车在内的全套行头仅需一架中型运输机即可包办。与此形成鲜明对比的是它的惊人承载能力，除 4 名艇员和 8 名特种兵外，还能装进 310 千克的任务装备，这对于增强特战小队的持续作战能力大有帮助。河岸特战艇的极限冲刺航速达 74 千米/小时，再加上 0.61 米的吃水深度，将河岸特战艇必备的机动性发挥得淋漓尽致，能够轻松冲上平缓的岸滩，大大减少特种兵上岸和卸载装备的时间。

河岸特战艇艉部视角

No.91 美国"海豹"运输载具

基本参数	
直径	1.8 米
长度	6.7 米
水下航速	6 节
最大航程	60 海里
操作人员	2 人

"海豹"运输载具（Seal Delivery Vehicle，SDV）是美国研制的小型水下推进器，方便美国海军"海豹"突击队在大型潜艇吃水不足无法靠岸的情况下快速登陆。

●研发历史

在 SDV 尚未问世时，美军核潜艇要想将特种部队投放到敌方海岸，就必须冒险潜伏到距离对方海岸线非常近的潜水区域，很容易暴露。SDV 于 20 世纪 70 年代中期研制成功，目前在役的主要是 Mk 8 型，而此前的 Mk 6 型、Mk 7 型和 Mk 11 型均已退役。

退役后存放在博物馆中的 SDV

●船体构造

由于 SDV 是敞开式结构，为了航渡需要，美国还研制了配套的干式甲板换乘舱（Dry Deck Shelter，DDS）。SDV 在使用核潜艇搭载时，要与核潜艇上安装的 DDS 配合使用。

DDS 通常以对接的方式单独或两艘并列固定在经过改装的核潜艇指挥台围壳后方。对 SDV 来说，DDS 就像是移动式的车库。

SDV 舱门部位特写

●作战性能

SDV 可搭载 4 名"海豹"队员，他们完全依靠水下呼吸器呼吸，其任务主要是进行水文地形勘测、搜索侦察及有限的直接作战。由于"海豹"队员在部署时，从核潜艇内部出舱到做好战斗准备需要较长的时间，在一些情况下，为了能够在核潜艇抵达预定位置之后迅速行动，"海豹"队员不得

SDV 艏部特写

不在核潜艇出航之后就浸泡在冰冷的海水中。为了维持战斗力，"海豹"队员登陆后的第一件事往往是给自己的身体加温。DDS 使这个问题在很大程度上得到了解决。有了 SDV 和 DDS 的配合，美军核潜艇就可以在比较安全的位置投放特种部队，即使被发现或遭到攻击，也不影响核潜艇的自卫能力。

No.92 美国 AH-6 "小鸟" 武装直升机

基本参数	
长度	9.94 米
高度	2.48 米
旋翼直径	8.3 米
重量	722 千克
最高速度	282 千米/小时

AH-6 "小鸟"（AH-6 Little Bird）武装直升机是休斯直升机公司（1985 年并入麦克唐纳·道格拉斯公司，后又并入波音公司）研制的轻型武装直升机，从 2005 年服役至今。

● 研发历史

1960 年，美国陆军提出轻型观察直升机计划（LOH），休斯直升机公司、贝尔直升机公司和希勒飞机公司参与了招标。两年后，休斯直升机公司制造了 5 架 OH-6A 原型机与贝尔直升机公司的 OH-4A 和希勒飞机公司的 OH-5A 进行

AH-6 武装直升机在低空飞行

竞争。1965 年 2 月 26 日，休斯直升机公司的 OH-6A 在竞争中获胜。1966 年 9 月，被命名为 "印地安种小马"（Cayuse）的 OH-6 直升机开始交付。21 世纪初，为使轻型直升机也能具

备一定强度的火力打击能力，休斯直升机公司又在 OH-6 直升机的基础上发展出了 AH-6 武装直升机和 MH-6 轻型突击直升机，均被美国陆军称为"小鸟"。

●机体构造

AH-6 武装直升机最鲜明的特点是机身外形，通常被形容为水滴状，也被形象地称为"飞蛋"。机身以无光黑色涂料涂装，这也强调了使用它的单位偏爱借着黑夜的掩护执行特种作战任务。AH-6 武装直升机安装了"黑洞"红外压制系统，为了安置这套系统，原来单个纵向排列的排气口被塞住，改为机身后部两侧两个扩散的排气孔。为了便于运输，AH-6 武装直升机的尾梁可折叠。MH-6 轻型突击直升机的外形与 AH-6 武装直升机基本相同。

AH-6 武装直升机在海上飞行

●作战性能

AH-6 武装直升机是世界上最小的武装直升机，具有低噪音、低红外成像的特点，尤其适合特种作战，所以受到美军特种部队的欢迎。在特种作战行动中，AH-6 武装直升机可以依靠小巧灵活的特点降落在狭小的街道，并在放下特战队员后快速起飞，脱离危险区域。AH-6 武装直升机可以搭载的武器种类较多，包括 7.62 毫米机枪、30 毫米机炮、70 毫米火箭发射巢、"陶"式反坦克导弹等，甚至还能挂载"毒刺"导弹进行空战。

AH-6 武装直升机降落在楼顶

No.93 美国 MH-47 直升机

基本参数	
长度	30.1 米
高度	5.7 米
旋翼直径	18.3 米
重量	11148 千克
最高速度	315 千米/小时

MH-47 直升机是 CH-47"支奴干"（Chinook）直升机的特种作战衍生型，主要供美国陆军特种部队使用，1992 年开始服役。

● 研发历史

20 世纪 50 年代末，波音公司根据美国陆军发布的中型运输直升机招标书，发展出 CH-46"海上骑士"直升机，其放大的改进版本便是后来的 CH-47 直升机。1963 年，CH-47A 开始装备美军，后来又发展了 B、C、D 型。其中，CH-47D 是

停放在跑道上的 MH-47 直升机

美国陆军 21 世纪初空中运输直升机的主力。1987 年 12 月 2 日，波音公司收到 8180 万美元的合同，即在 CH-47D 的基础上为美国陆军特种部队研制一架 MH-47 原型机。该机在 1990

年 6 月 1 日首飞，首批 11 架于 1992 年 11 月交付。

• 机体构造

MH-47 直升机的机身为正方形截面半硬壳结构，驾驶舱、机舱、后半机身和旋翼塔基本上为金属结构。该机采用纵列反转双旋翼布局，两副纵列旋翼安置在机身上方，两台发动机则外置在机身后部，发动机通过一条安装在机身顶部的传动轴驱动前旋翼。两副 3 片桨叶旋翼，采用前低后高配置，后旋翼塔较高，径向尺寸较大，起到垂尾作用。为适应特种部队的作战要求，MH-47 直升机加装了空中受油系统、快速滑降装置及其他一些升级和特种装备。

MH-47 直升机仰视图

• 作战性能

MH-47 直升机具有全天候飞行能力，可在恶劣的高温、高原气候条件下完成任务，还可进行空中加油，具有远程支援能力。该机的玻璃钢桨叶即使被 23 毫米穿甲燃烧弹和高爆燃烧弹射中后，仍能使直升机安全返回基地。MH-47 直升机运输能力强，可运载 33～35 名武装士兵，或运载一个炮兵排，还可吊运火炮等大型装备。凭借特种装备和夜视仪，即使能见度很低，MH-47 直升机也可以凭借精确的导航在低海拔的各种地形上执行作战任务。

MH-47 直升机接受空中加油

No.94 美国 MH-53 "低空铺路者" 直升机

基本参数	
长度	28 米
高度	7.6 米
旋翼直径	21.9 米
重量	14515 千克
最高速度	315 千米/小时

MH-53 "低空铺路者"（Pave Low）直升机是 CH-53 "海上种马"（Sea Stallion）直升机的特种作战衍生型，主要有 MH-53E、MH-53H、MH-53J、MH-53M 等型号。

● 研发历史

CH-53 直升机是根据美国海军提出的空中运输直升机要求研制的，主要用于突击运输、舰上垂直补给和运输。该机于 1962 年 8 月开始研制，1964 年 10 月首次试飞，1966 年 6 月开始交付。20 世纪 80 年代，西科斯基

飞行中的 MH-53 直升机

公司在 CH-53E 基础上改进出 MH-53E，1983 年开始服役。此后，又陆续出现了 MH-53H、MH-53J、MH-53M 等型号。其中，MH-53J 用于执行低空远程全天候突击任务，主要为特种

部队渗透作战提供机动和后勤保障。

MH-53 直升机尾部视角

•机体构造

MH-53 直升机的机身为水密半硬壳式结构,由轻合金、钢和钛合金制成,隔开的驾驶舱部分用玻璃纤维/环氧树脂复合材料制成。旋翼、减速器和发动机整流罩广泛使用"凯夫拉"复合材料。尾斜梁用液压动力向右折叠。海鸥翼式水平安定面高置在尾斜梁右侧,有撑杆支撑。水平安定面和尾斜梁用"凯夫拉"复合材料制成。起落架为可收放前三点式,每个起落架都是双轮。主起落架收到机身两侧翼梢浮筒的后部,前起落架可操纵转向。

•作战性能

MH-53 直升机以航空母舰、两栖攻击舰或其他战舰为基地执行运输任务,一次能够运送 55 名士兵或 16 吨有效载重飞行 90 千米,或运载 10 吨有效载重飞行 900 千米。执行扫雷任务时,MH-53 可以拖带一个综合多功能扫雷系统,外形类似一条双体小船,携带有多种探雷设备和扫雷器械,包括 Mk 105 扫雷滑水橇、ASQ-14 侧向扫描声呐、Mk 103 机械扫雷系统。该机装有必要的自卫武器,包括反坦克武器、7.62 毫米机枪或 12.7 毫米机枪吊舱。

MH-53 直升机头部特写

No.95 俄罗斯"虎"式装甲车

基本参数	
长度	5.7 米
宽度	2.4 米
高度	2.4 米
重量	7.2 吨
最高速度	140 千米/小时

"虎"(Tiger)式装甲车是俄罗斯嘎斯汽车公司于21世纪初研制的轮式轻装甲越野车,2006年开始服役。

• 研发历史

在第一次车臣战争(1994~1996年)期间,俄罗斯军队装备的BTR系列装甲车以及UAZ-469B系列轻型指挥车,在车臣叛军RPG火箭弹、DShK重机枪等火力的围攻下损失惨重。1997年,俄罗斯军队装备部门着手研发一款类似美军"悍马"装甲车的轮式轻型装甲车,执行城市反恐和丘陵地

"虎"式装甲车编队

区突击等反恐作战任务。新型装甲车的研发任务由嘎斯汽车公司承担，其成果就是"虎"式装甲车。该车于 2006 年正式服役，至 2020 年初约有 4 万台"虎"式装甲车成为俄罗斯军队制式装备，有不同的改型车充当警用车、特种攻击车、反坦克发射车以及通信指挥车。

● 车体构造

"虎"式装甲车采用前置动力、四轮驱动的设计，车身为非承载式，即车身与大梁为两个单独架构。动力总成和悬架固定在大梁上，车身也装配在大梁上。前格栅采用双层带防护内板结构，可对散热器进行二次保护。前格栅和侧梁焊接在一起，不仅可以提高防护能力，更重要的是便于动力总成从车身整体吊装。如果有必要，可将发动机（包括散热器冷凝器）以及变速器整体吊装进行更换或维修。

★ "虎"式装甲车左侧视角

● 作战性能

与俄罗斯之前的越野车相比，"虎"式装甲车的装甲防护得到了极大的加强，整车更是配置了核生化"三防"系统。"虎"式装甲车的车体由厚度为 5 毫米、经过热处理的防弹装甲板制成，可有效抵御轻武器和爆炸装置的攻击。"虎"式装甲车可以搭载多种武器，包括 7.62 毫米 PKP 通用机枪、12.7 毫米 Kord 重机枪、AGS-17 型 30 毫米榴弹发射器、"短号"反坦克导弹发射器等。该车可以搭载 10 名全副武装的步兵，有效载荷为 1.5 吨。在不经过准备的前提下，"虎"式装甲车的涉水深度在 1 米左右，而经过防水处理后，涉水深度将会达到 1.5 米。

★ 搭载"短号"反坦克导弹发射器的"虎"式装甲车

No.96 苏联/俄罗斯米-28"浩劫"直升机

基本参数	
长度	17.01 米
高度	3.82 米
旋翼直径	17.20 米
重量	8100 千克
最高速度	325 千米/小时

米-28"浩劫"（Mi-28 Havoc）直升机是米里设计局研制的单旋翼带尾桨全天候专用武装直升机，1996年开始服役。

• **研发历史**

米-28直升机于1972年开始设计，1982年11月首次试飞，1989年6月完成90%的研制工作，并在法国的国际航空展首次亮相。由于设计思维大量借鉴了AH-64"阿帕奇"直升机，因此米-28被西方国家戏称为"阿帕奇斯基"。虽

米-28直升机编队飞行

然自问世以来，米-28直升机的综合性能受到俄军的高度肯定，然而苏联解体之后的俄军缺乏足够的采购经费，因此很长一段时间都无力购买。目前，俄罗斯装备了少量米-28直升机。此外，委内瑞拉、土耳其等国家也曾少量采购。

• 机体构造

米-28 直升机的机身为全金属半硬壳式结构,驾驶舱为纵列式布局,四周配有完备的钛合金装甲,并装有无闪烁、透明度好的平板防弹玻璃。前驾驶舱为领航员/射手,后面为驾驶员。座椅可调高低,能吸收撞击能量。起落架为不可收放的后三点式。该机的旋翼系统采用半刚性铰接式结构,大弯度的高升力翼型,前缘后掠,每片后缘都有全翼展调整片。桨叶为 5 片,转速 242 转/分钟。

米-28 直升机右侧视角

• 作战性能

米-28 直升机的主要武器为 1 门 30 毫米 2A42 机炮,备弹 250 发。该机有 4 个武器挂载点,可挂载 16 枚 AT-6 反坦克导弹,或 40 枚火箭弹(两个火箭巢)。此外,还可以挂载 AS-14 反坦克导弹、R-73 空对空导弹、炸弹荚舱、机炮荚舱。米-28 直升机的机身横截面小,有助于提高灵活性和生存能力。座舱安装了 50 毫米厚的防弹玻璃,能承受 12.7 毫米枪弹的打击。旋翼叶片上有丝状玻璃纤维包裹,发动机和油箱都有周密的防护措施。

★ 米-28 直升机表演特技动作

No.97 法国 VBL 装甲车

基本参数	
长度	3.8 米
宽度	2.02 米
高度	1.7 米
重量	3.5 吨
最大速度	95 千米/小时

VBL 装甲车是法国于 20 世纪 80 年代研制的轻型轮式装甲车,具有一定的装甲防护能力,在战场上担任的角色类似于美军"悍马"装甲车。

● 研发历史

20 世纪 80 年代中期,法国军队需要一种新的步兵机械化车辆,以取代现役的老旧载具。针对这一需求,法国军队展开了"轻型装甲车辆"项目,设计一种轻型四轮装甲车。1990 年,VBL 装甲车开始批量生产,法国军队的装备数量超过 1600 辆。VBL 装甲车的

法国陆军装备的 VBL 装甲车

变型车较多，除装甲侦察车、装甲输送车外，还有指挥车、国内安全车、防空车、通信车、雷达车、弹药输送车、反坦克车等型号。除法国外，VBL 装甲车还出口到希腊、墨西哥、阿曼、葡萄牙和科威特等国家。

VBL 装甲车俯视图

●车体构造

VBL 装甲车的车体为全焊接钢结构，发动机在车体前部，乘员舱在车体后部。驾驶员位于乘员舱的前部左侧，右侧是车长。驾驶员处有一具应急潜望镜，驾驶员和车长位置顶上各有一个舱盖。乘员舱的后半部分侧面均为斜面，顶上有单扇圆舱盖，车尾有大车门。

●作战性能

VBL 装甲车尺寸较小，重量较轻，车上装有"三防"装置，车体装甲能抵挡 7.62 毫米子弹和炮弹破片的袭击。该车具有很好的武器适应性，可根据部队需要装备多种不同类型的武器系统。车顶上装有可以 360 度回旋的枪架和枪盾，能安装多种轻机枪或重机枪（如 FN Minimi 轻机枪、M2 重机枪等）。VBL 装甲车虽然没有装甲，但是重量不到 4 吨，具有很强的战略机动性。该车的体积小也很小，便于使用 C-130、C-160 或 A400M 等运输机空运。

VBL 装甲车左侧视角

No.98 法国/德国"虎"式直升机

基本参数	
机身长度	14.08 米
机身高度	3.83 米
旋翼直径	13 米
空重	3060 千克
最高速度	315 千米/小时

"虎"式（Tiger）直升机是由欧洲直升机公司研制的武装直升机，德国、澳大利亚、法国、西班牙等国家均有装备。

● 研发历史

20世纪70年代，鉴于专用武装直升机在局部战争中的出色表现，世界各国纷纷研制装备这一机种。当时，法国和德国分别装备了"小羚羊"武装直升机和BO 105P武装直升机，但都由轻型多用途

德国陆军装备的"虎"式直升机

直升机改装而来。因此，两国决定以合作形式，研制一种专用武装直升机——"虎"式直升机。该机于1984年开始研制，1991年4月原型机首次试飞，1997年首批直升机交付法国。

停放状态的"虎"式直升机

●机体构造

"虎"式直升机的机身较短、大梁短粗。机头呈四面体锥形前伸,座舱为纵列双座,驾驶员在前座,炮手在后座,与大多数武装直升机相反。座椅分别偏向中心线的两侧,以提升在后座的炮手的视野。机身两侧安装短翼,外段内扣下翻,各有两个外挂点。两台发动机置于机身两侧,每台前后各有一个排气口。起落架为后三点式轮式。机体广泛采用复合材料,隐身性能较佳。"虎"式直升机采用全复合材料轴承的4桨叶无铰旋翼系统,尾桨为3叶,安装在垂尾的右侧,平尾置于尾梁后和垂尾前,在两端还装有与垂尾形状相同但尺寸略小的副垂尾。

●作战性能

"虎"式直升机装有1门30毫米机炮,另可搭载8枚"霍特"2或新型PARS-LR反坦克导弹、4枚"毒刺"或"西北风"空对空导弹。此外,还有两具22发火箭吊舱。该机的机载设备较为先进,视觉、雷达、红外线、声音信号都减至非常低的水平。"虎"式直升机能够抵御23毫米自动炮火射击,其旋翼由能承受战斗破坏的纤维材料制成,并且针对雷电和电磁脉冲采取了防护措施。

"虎"式直升机在高空飞行

No.99 瑞典 CB90 快速突击艇

基本参数	
标准排水量	15.3 吨
长度	15.9 米
宽度	3.8 米
吃水深度	0.8 米
最高速度	40 节

CB90 快速突击艇（CB90 fast assault craft）是瑞典设计制造的多功能艇，可作巡逻艇、快速攻击艇或火力支援艇。该艇可实现高速机动，适用于近海或内河沿岸的快速两栖登陆作战。

● 研发历史

由于瑞典海军规模与实力有限，主要战场只能设定在瑞典海岸，但由于瑞典复杂绵长的峡湾地形极易使敌方渗透，因此海岸线巡逻和濒海特种作战显得尤为重要。瑞典从 20 世纪 60 年代就开始着重发展小型高速艇，用以执行海岸线巡逻和特种作战，早

CB90 快速突击艇编队

期的 Tpbs-200 运输快艇无论是速度还是隐身性能都无法满足于新时期的特种作战需求。1988 年，瑞典国防装备管理局（FMV）公开了新快艇的设计需求，达克史达瓦贝特公司竞标成功，

1989 年建造 2 艘实验艇交付瑞典海军，赢得了瑞典海军的高度评价，命名为 CB90 快速突击艇，1990 年开始瑞典海军陆续下达了 120 艘的订单。

● 船体构造

CB90 快速突击艇的艇体大量采用铝合金建造，船型为典型的单船体滑行艇，艇体倾斜度为 20 度，适合高速滑航行，艇艉部 25% 为水密结构，为动力舱，往前有一个可容纳 20 人的船舱，艇艏两扇门打开后作为出口通道。

CB90 快速突击艇在结冰海域航行

● 作战性能

CB90 快速突击艇可以容纳 20 名全副武装的士兵，或装载 2.8 吨货物。艇上还载有 4 艘充气艇，每艘充气艇可搭载 6 人。CB90 快速突击艇的艇艏有 1 挺 12.7 毫米机枪，艇体中部的武器架可布置 12.7 毫米机枪或 40 毫米榴弹发射器，由驾驶舱内遥控发射。此外，CB90 快速突击艇还可以使用半主动激光制导的 RBS 17"地狱火"舰对舰导弹，以及水雷（4 枚）和深水炸弹（6 枚）。

高速航行的 CB90 快速突击艇

No.100 瑞士"食人鱼"装甲车

基本参数	
长度	4.6米
宽度	2.3米
高度	1.9米
重量	3吨
最大速度	100千米/小时

"食人鱼"(Piranha)是瑞士莫瓦格公司设计制造的轮式装甲车,根据车轮数量有4×4、6×6、8×8、10×10等多种版本,是欧美国家广泛使用的装甲车。

● 研发历史

20世纪70年代初期,莫瓦格公司就以自筹资金的方式开始研制"食人鱼"装甲车。1972年生产出第一辆样车,为6×6车型。1976年,莫瓦格公司开始为加纳、利比里亚、尼日利亚和塞拉利昂生产4×4、6×6、8×8车型。1977年,加拿大武装部队在经过充分对比

★ 早期的"食人鱼"装甲车(6×6)

后,选择了"食人鱼"装甲车,签署了350辆6×6车型的订单。不久,又增加到491辆。此

后，美国、瑞士、沙特阿拉伯、智利、澳大利亚、阿曼、丹麦、以色列、瑞典、新西兰、卡塔尔等国家也相继订购了"食人鱼"装甲车。时至今日，"食人鱼"装甲车已经从Ⅰ型发展到Ⅴ型。

●车体构造

"食人鱼"装甲车的车体前部左侧为驾驶舱，动力舱在驾驶员的右侧，中部是战斗舱，后部是载员舱。载员可通过车体后部的两扇车门上下车。载员舱的顶部一般还有两扇向外开启的舱门。载员舱的两侧有供载员乘车射击的球形射击孔，并配有观察潜望镜。该车装有中央轮胎压力调节系统，驾驶

"食人鱼"装甲车（8×8）前方视角

员可依据车辆路面行驶状况调节轮胎压力。车内有预警信号装置，当车辆行驶速度超过所选择轮胎压力极限时，预警信号装置便发出报警信号。

"食人鱼"装甲车（8×8）攀爬陡坡

●作战性能

"食人鱼"装甲车的早期型号采用均质装甲，后期型号改为全焊接高硬度装甲，必要时可加装附加装甲或"凯夫拉"装甲。车的正面能抵御30毫米装甲弹的攻击，其他部位也能在500米距离上抵御重机枪子弹的攻击。车体底部采取了防地雷措施，有防雷冲击波偏转板。车上装有"三防"装置，在设计上也考虑到抑制雷达信号和热信号特征。

"食人鱼"装甲车有涉渡2米深水域的能力。涉水时，除用车轮滑水外，也用螺旋桨推进器，可达到10千米/时的最大航速。该车可以搭载的武器较多，如10×10版本的主要武器是1门105毫米线膛炮，炮塔可旋转360度。发射尾翼稳定的脱壳穿甲弹初速达1495米/秒，具有反坦克能力。辅助武器是1挺7.62毫米并列机枪。车上携炮弹38发，枪弹2000发。

参考文献

[1] 宋立志.特种部队武器装备揭秘[M].北京：中央编译出版社，2007.

[2] [英]迈克·瑞安，等.世界特种部队训练技能和装备[M].北京：中国市场出版社，2011.

[3] [美]索斯比-泰勒扬.简氏特种作战装备鉴赏指南[M].张明，陈峰，姚荣，译.北京：人民邮电出版社，2012.

[4] 陈海涛.世界王牌特种部队[M].南京：江苏人民出版社，2013.